猪组织学彩色图谱

李　健　　刘志军　　李晓霞　　著

王兴德　　张港琛　　刘　洋　　审校

中国水利水电出版社

www.waterpub.com.cn

·北京·

内 容 提 要

本书共 12 章,收录猪的全真彩色图片 400 余幅,直观、形象、生动地展示猪外貌特征、消化系统、循环系统、泌尿系统、神经系统、内分泌系统、免疫系统及生殖系统等的组织学结构特点,在突出强调猪机体各系统之间的紧密联系的同时也着重强调内脏器官重要的形态、功能和组织结构,为读者综合地学习猪养殖、繁育、疾病防治、猪制品加工等科学知识打下坚实基础。

全书是全面、深入、细致地展示猪机体、系统器官的宏观与微观的形态结构及组织的彩色图谱书,适用于科研、生产及教学等多种用途。

图书在版编目(CIP)数据

猪组织学彩色图谱/李健,刘志军,李晓霞著. —
北京:中国水利水电出版社,2018.8
ISBN 978-7-5170-6886-0

Ⅰ. ①猪… Ⅱ. ①李… ②刘… ③李… Ⅲ. ①猪—动
物组织学—图谱 Ⅳ. ①S852.1—64

中国版本图书馆 CIP 数据核字(2018)第 215602 号

书 名	猪组织学彩色图谱 ZHU ZUZHIXUE CAISE TUPU
作 者	李 健 刘志军 李晓霞 著
出版发行	中国水利水电出版社
	(北京市海淀区玉渊潭南路 1 号 D 座 100038)
	网址:www. waterpub. com. cn
	E-mail:sales@waterpub. com. cn
	电话:(010)68367658(营销中心)
经 售	北京科水图书销售中心(零售)
	电话:(010)88383994、63202643、68545874
	全国各地新华书店和相关出版物销售网点
排 版	北京亚吉飞数码科技有限公司
印 刷	三河市元兴印务有限公司
规 格	185mm×260mm 16 开本 13.25 印张 322 千字
版 次	2019 年 3 月第 1 版 2019 年 3 月第 1 次印刷
印 数	0001—2000 册
定 价	85.00 元

前　言

猪为哺乳类动物,猪肉是大众喜爱的营养丰富的食品。随着养猪业在国内外蓬勃发展,而且,猪作为小型的试验动物也受到越来越多的重视,亟需一部关于猪组织学知识的图书面世。本书包括组织学共十二章,收录猪的全真彩色图片400余幅,直观、形象、生动地展示猪外貌特征、消化系统、循环系统、泌尿系统、神经系统、内分泌系统、免疫系统及生殖系统等的组织学结构特点。通过通俗易懂的、解说性的文字进行讲解,有效地避免了冗余而枯燥的文字难以理解的难题,使该书成为一本图文并茂的形态学书籍,可为在校学生和科研工作者提供一定的理论与实践指导,有助于猪健康养殖、疾病研究及防治。

《猪组织学彩色图谱》在突出强调猪机体各系统之间的紧密联系的同时也着重强调内脏器官重要的形态、功能和组织结构,为读者综合地学习猪养殖、繁育、疾病防治、猪制品加工等科学知识打下坚实基础。本书是全面、深入、细致地展示猪机体、系统器官的宏观与微观的形态结构及组织的彩色图谱书,适用于科研、生产及教学等多种用途。

本书由河南科技大学动物科技学院教师李健、刘志军和李晓霞著。受到河南省自然科学基金项目(项目编号:162300410081)、河南省教育厅高等学校重点科研项目基础研究计划项目(项目编号:16A230004)、河南科技大学高级别科研项目培育基金资助项目(项目编号:2016GJB004)资助。本书在编写过程中,得到了中国农业大学动物医学院陈耀星教授、董玉兰副教授和曹静副教授,河北农业大学动物科技学院胡满教授及安徽农业大学动物科技学院李福宝教授的大力支持和指导,在此作者表示衷心的感谢。

图书编撰工程艰巨而浩大,鉴于作者水平有限及时间仓促,疏漏与不足之处在所难免,恳请广大读者批评指正。

编者注

2018 年 7 月

目 录

第一章 被皮系统

猪的被皮系统位于体表,由皮肤和衍生物构成,起保护、调温、排泄和感知外界刺激的作用。皮肤衍生物包括毛、甲、蹄、皮脂腺、乳腺及汗腺等。

第一节 皮肤

皮肤分布在肌体表面,分为表皮、真皮和皮下组织三层。

一、表皮

表皮(epidermis)由角化的复层扁平上皮构成,分布于皮肤的最浅层,无血管和淋巴管分布,有丰富的神经末梢,具有感觉功能。由角质形成细胞和非角质形成细胞两类细胞构成。

二、真皮

真皮(dermis)层位于表皮深层,较厚,韧性和弹性较强。

1. 结构

真皮由大量不规则致密结缔构成,含有大量胶原纤维、弹性纤维、血管、神经及少量的细胞,也分布有汗腺和皮脂腺。靠近表皮的真皮突入表皮形成乳头状突起,称为乳头层(papillary layer)。触觉小体分布于乳头内,可增加真皮与表皮的接触面积。由富含血管、淋巴管和神经的不规则的致密结缔组织构成网状层(reticular layer),分布有环层小体。

2. 作用

真皮构成表皮坚实的支架,是皮肤的主体结构,营养表皮。

三、皮下组织

皮下组织(hypodermis)又称浅筋膜(superficial fascia),位于皮肤的最深层,连接皮肤与深层组织。

1. 结构

皮下组织由疏松结缔组织构成,分布有脂肪组织、血管、神经和汗腺。

2. 作用

皮下组织连接皮肤与深层的肌肉或骨膜,其中,脂肪能够调温、缓冲震动及储存能量,并可通过皮下注射方法注射药物到皮下组织。

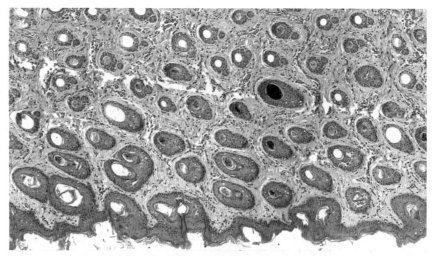

图 1-1　眼睑皮肤
（HE 染色，100 倍）

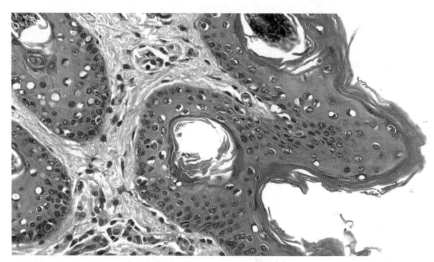

图 1-2　眼睑皮肤
（HE 染色，400 倍）

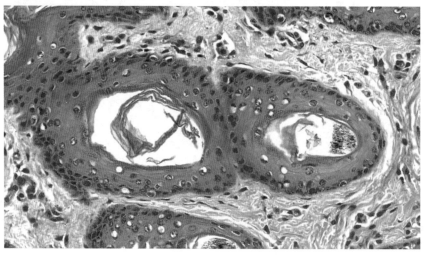

图 1-3　眼睑皮肤
（HE 染色，400 倍）

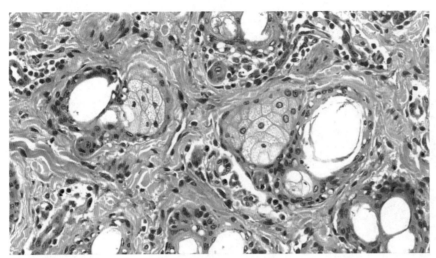

图 1-4　眼睑皮肤
（HE 染色，400 倍）

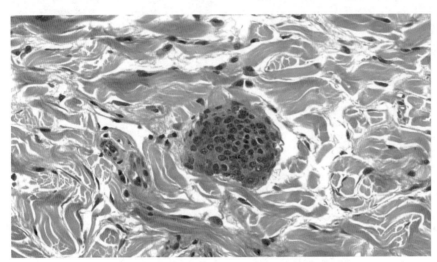

图 1-5　眼睑皮肤
（HE 染色，400 倍）

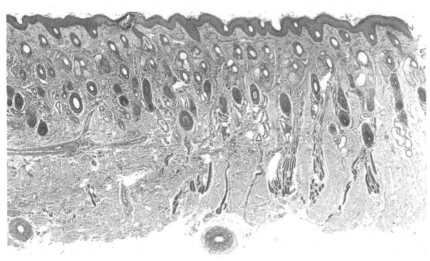

图 1-6　鼻部皮肤
（HE 染色，40 倍）

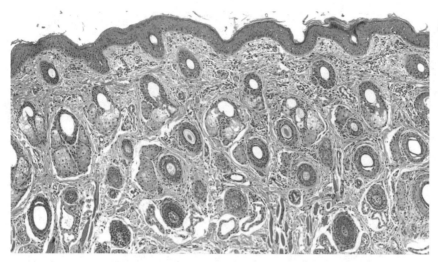

图 1-7　鼻部皮肤
（HE 染色，100 倍）

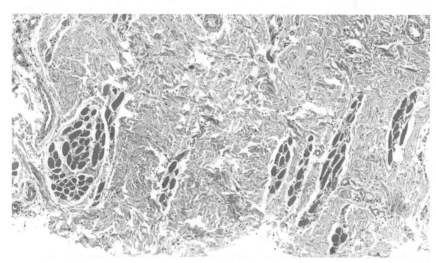

图 1-8　鼻部皮肤
（HE 染色，100 倍）

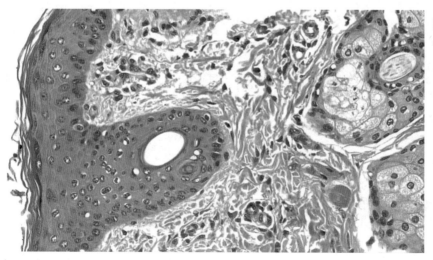

图 1-9　鼻部皮肤
（HE 染色，400 倍）

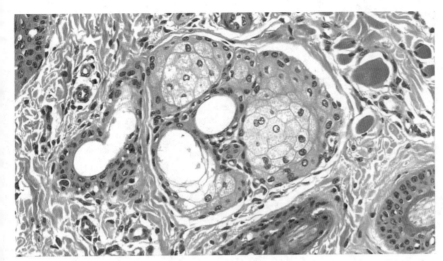

图 1-10　鼻部皮肤
（HE 染色，400 倍）

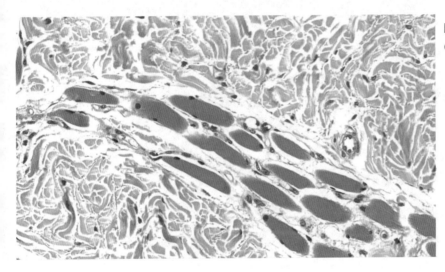

图 1-11　鼻部皮肤
（HE 染色，400 倍）

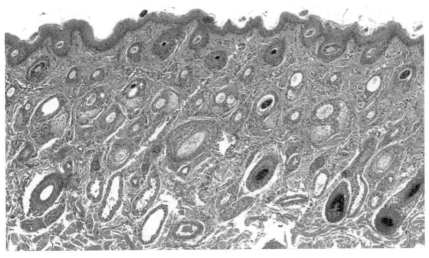

图 1-12　背部皮肤
（HE 染色，100 倍）

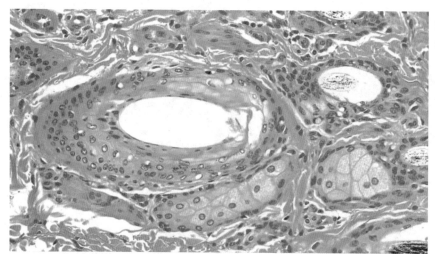

图 1-13　背部皮肤
（HE 染色，400 倍）

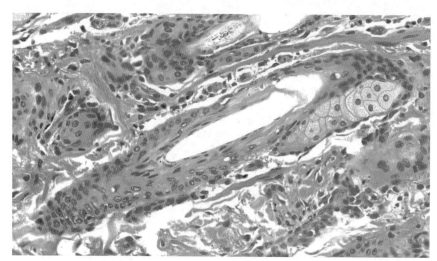

图 1-14　背部皮肤
（HE 染色，400 倍）

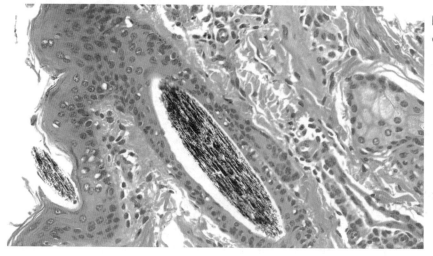

图 1-15　背部皮肤
（HE 染色，400 倍）

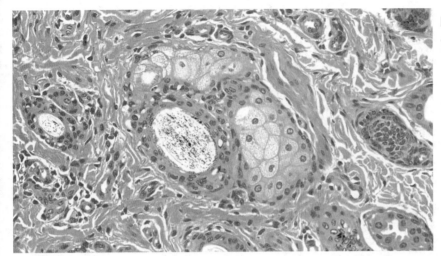

图 1-16 背部皮肤
(HE 染色,400 倍)

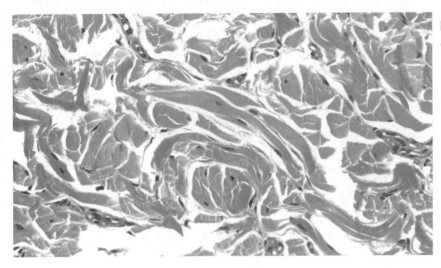

图 1-17 背部皮肤
(HE 染色,400 倍)

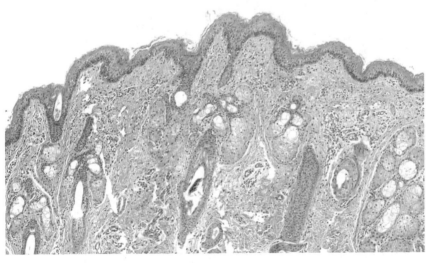

图 1-18 肛门皮肤
(HE 染色,100 倍)

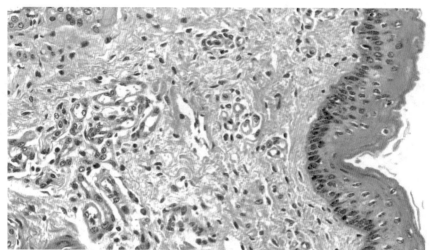

图 1-19　肛门皮肤
（HE 染色，400 倍）

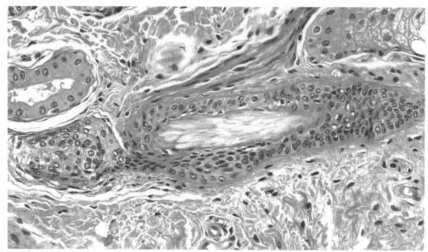

图 1-20　肛门皮肤
（HE 染色，400 倍）

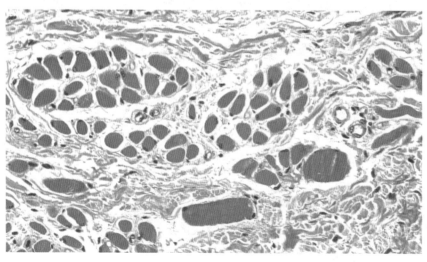

图 1-21　肛门皮肤
（HE 染色，400 倍）

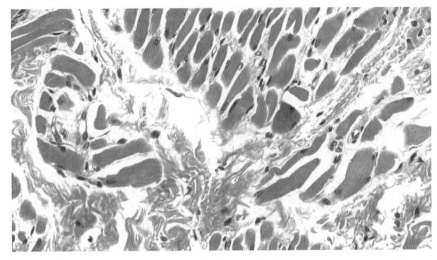

图 1-22 肛门皮肤
(HE 染色,400 倍)

第二节 衍生物

一、毛

毛(hair)为表皮衍生物,分布于皮肤大部分表面。毛由毛干、毛根和毛球构成,毛干位于皮肤表面;毛根位于皮肤内部;毛根末端膨大呈球状结构,称为毛球,为毛的生长点,增殖能力强;毛球顶端向下凹陷,形成杯状的毛乳头。

1. 构成

毛由髓质、皮质和毛小皮构成,外表被覆管鞘状结缔组织毛囊。

2. 作用

毛分布于体表,统称为被毛,对机体起保护作用。

二、皮脂腺

皮脂腺(sebaceous gland)位于毛囊和竖毛肌之间,由囊状腺泡与短导管构成。

三、汗腺

汗腺(suboriferous)为螺旋状迁曲的单管腺,分为大汗腺和小汗腺,位于真皮或皮下组织内,腺体周围分布有平滑肌和毛细血管网。

分泌部为单层锥体形细胞,细胞核呈圆形,位于细胞基底部;胞质染色较浅。导管由立方上皮细胞构成,导管开口于皮肤表面。

四、乳腺

乳腺(breast)由大量腺叶构成,每一腺叶包括腺小叶,腺小叶由大量腺泡构成。小叶内导管一次汇聚形成小叶间导管和总导管。小叶内导管、小叶间导管和总导管的上皮分别为单层柱状或立方上皮、复层柱状上皮和复层扁平上皮。总导管开口于乳头。雌性在泌乳期分泌大量乳汁,乳汁富含糖、蛋白质、脂肪、盐及维生素等营养物质。

五、蹄匣

蹄匣(capsula ungulae)为角质层,由角蛋白构成,不含血管和神经,坚硬,保护蹄内结构。

第二章　肌组织

肌组织(muscle tissue)由大量肌细胞构成,根据分布部位、结构和功能不同,分为骨骼肌、心肌和平滑肌。肌细胞又称肌纤维(muscle fiber),肌细胞膜称肌膜(sarcolemma),肌细胞质称肌浆(sarcoplsma)。骨骼肌和心肌表面有横纹,属于横纹肌(striated muscle)。骨骼肌受躯体神经支配,为随意肌;心肌和平滑肌受自主神经支配,为不随意肌。

第一节　骨骼肌

一、分布部位

骨骼肌(skeletal muscle)大多附着于骨骼上而得名,主要以肌腱附着于四肢、体壁、眼球、舌及耳等部位,受躯体神经支配,收缩快速、有力,但易疲劳。

二、光镜结构

骨骼肌细胞呈长柱状,直径 10～100 微米,长 1～40 毫米。细胞核呈椭圆形,有数十至数百个,位于细胞周边、细胞膜下,染色较淡。细胞表面有明显的周期性横纹。

骨骼肌细胞质内含有大量肌原纤维,在明带与暗带交界处细胞膜凹陷形成横小管,环绕骨骼肌细胞;位于两个横小管之间的滑面内质网特化形成肌浆网。横小管与肌浆网末端的终池形成三联体。肌原纤维之间含有丰富的线粒体、糖原、脂滴及肌红蛋白等。

骨骼肌纤维外面有肌外膜(epimysium)、肌束膜(perimysium)和肌内膜(endomysium)三层纤维肌膜。肌外膜内含血管和神经,伸入肌组织内将骨骼肌分隔为许多肌束,在肌束表面形成肌束膜,伸入到每条肌纤维表面形成富含毛细血管和神经纤维的肌内膜。肌膜对肌组织具有支持、保护和营养作用。

肌卫星细胞(muscle satellite cell)分布于骨骼肌纤维表面,呈扁平状,有大量突起,具有干细胞性质,可增殖分化,参与肌纤维损伤的修复。

三、电镜结构

肌原纤维由上千条粗、细两种肌丝有规律地平行排列组成,在 A 带与 I 带交界处肌膜向肌浆内凹陷形成与肌纤维长轴垂直的横小管,肌纤维内特化的滑面内质网在横小管之间纵行包绕在每条肌原纤维周围,形成纵小管。

粗、细两种肌丝有规律地平行排列形成明、暗带。

1. 暗带

又称 A 带,暗带为在电子显微镜下观察到的细胞膜暗的成分,主要为蛋白质。暗带中央有颜色较浅的 H 带,H 带中央有颜色较深的 M 线。

2. 明带

又称 I 带,明带主要由磷脂和少量蛋白质构成,明带中央有 Z 线。

3. 肌节

肌节为位于相邻两条 Z 线之间的由 1/2 I 带＋A 带＋1/2 I 带构成的一段肌原纤维,由粗肌丝和细肌丝构成,是肌原纤维结构和功能的基本单位。

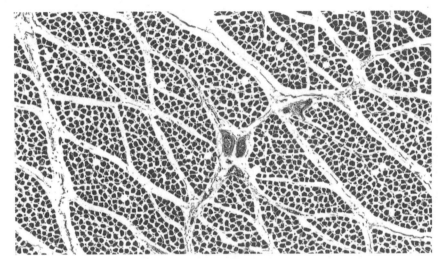

图 2-1　咬肌
（HE 染色,100 倍）

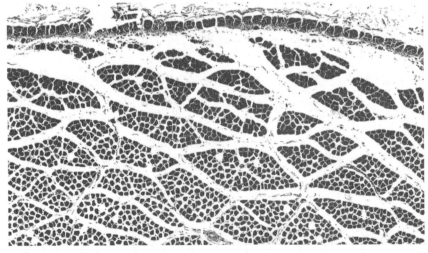

图 2-2　咬肌
（HE 染色,100 倍）

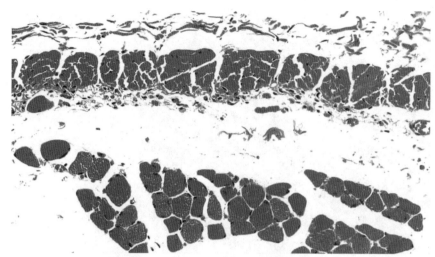

图 2-3 咬肌
（HE 染色,400 倍）

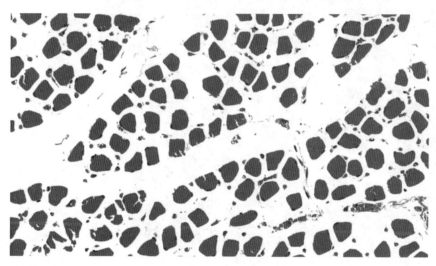

图 2-4 咬肌
（HE 染色,400 倍）

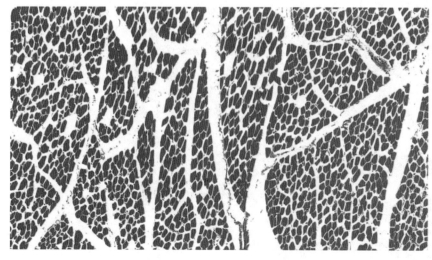

图 2-5 背腰最长肌
（HE 染色,100 倍）

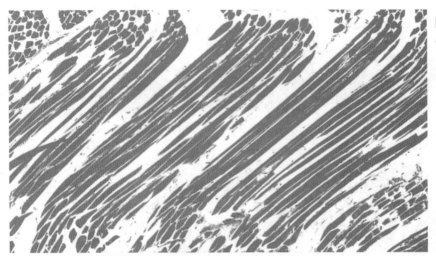

图 2-6 背腰最长肌
（HE 染色，100 倍）

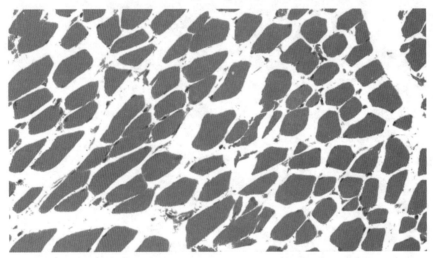

图 2-7 背腰最长肌
（HE 染色，400 倍）

图 2-8 背腰最长肌
（HE 染色，400 倍）

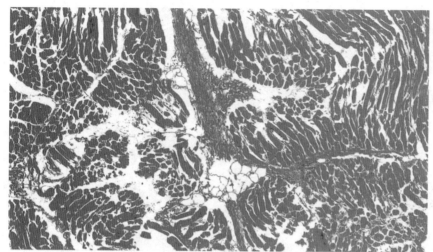

图 2-9　肋间肌
（HE 染色,100 倍）

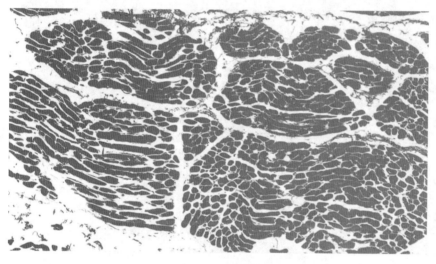

图 2-10　肋间肌
（HE 染色,100 倍）

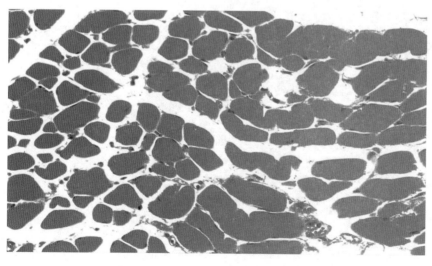

图 2-11　肋间肌
（HE 染色,400 倍）

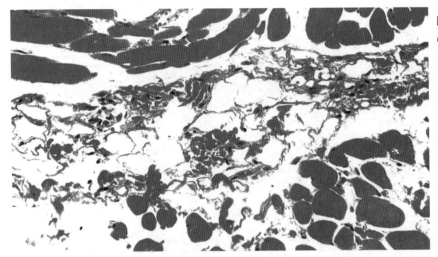

图 2-12　肋间肌
（HE 染色，400 倍）

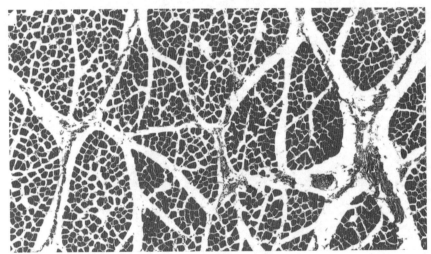

图 2-13　肱三头肌
（HE 染色，100 倍）

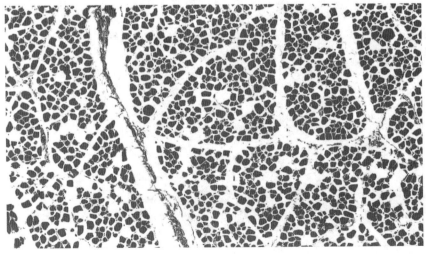

图 2-14　肱三头肌
（HE 染色，100 倍）

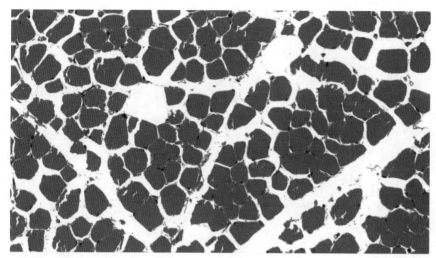

图 2-15　肱三头肌
（HE 染色,400 倍）

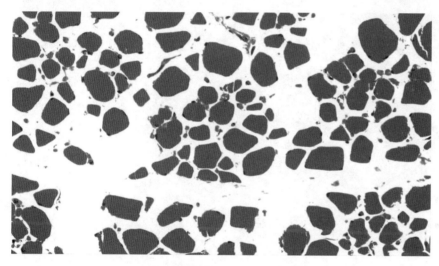

图 2-16　肱三头肌
（HE 染色,400 倍）

图 2-17　三角肌
（HE 染色,100 倍）

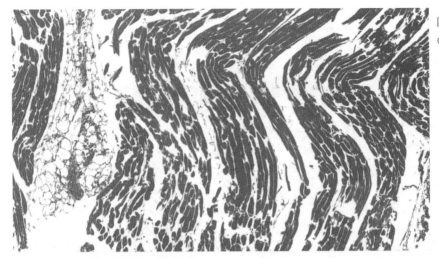

图 2-18 三角肌
（HE 染色，100 倍）

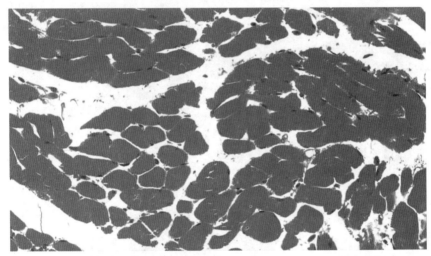

图 2-19 三角肌
（HE 染色，400 倍）

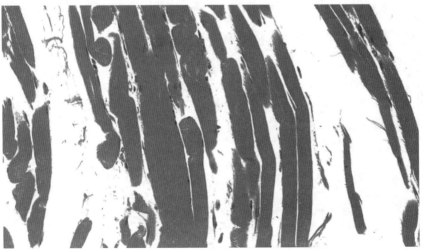

图 2-20 三角肌
（HE 染色，400 倍）

第二节　心肌

一、分布部位

心肌分布于心脏的肌膜和靠近心脏的大血管管壁。心肌受自主传导系统支配，自动节律性收缩，属不随意肌。心肌收缩慢、有节律而持久，不易疲劳。

特化的心肌细胞形成窦房结、房室结、房室束及浦肯野纤维等自主传导系统。

二、光镜结构

（1）心肌细胞呈不规则的短柱状，分支相互连接成网状。

（2）细胞核呈圆形或椭圆形，位于细胞中央，有的有双核，较少的有多核。

（3）与骨骼肌相似，肌原纤维由粗、细肌丝构成。细胞表面也有明带和暗带，有不明显的周期性横纹，心肌也属于横纹肌。

（4）闰盘位于相连的细胞之间，呈染色较深的线。

三、电镜结构

心肌细胞含有丰富的肌原纤维、肌质网、线粒体、糖原及脂肪等超微结构，Z线位置有横小管。横小管与肌浆网末端的终池形成二联体。

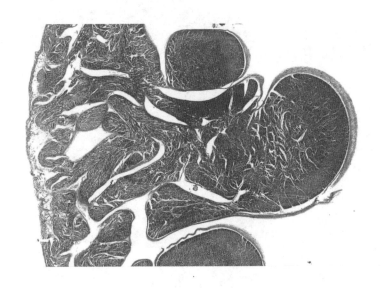

图 2-21　左心房
（HE 染色，20 倍）

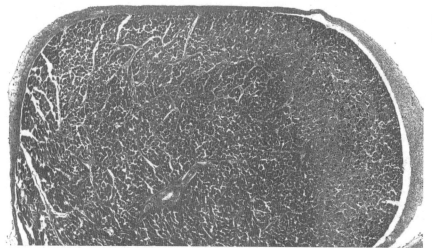

图 2-22　左心房
（HE 染色,100 倍）

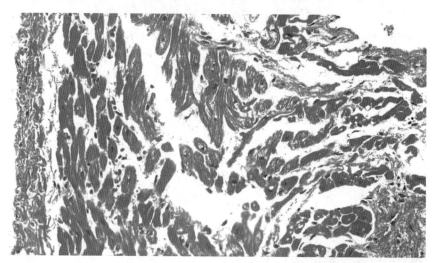

图 2-23　左心房
（HE 染色,400 倍）

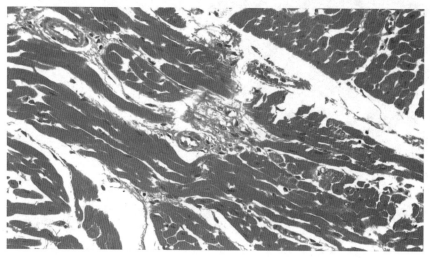

图 2-24　左心房
（HE 染色,400 倍）

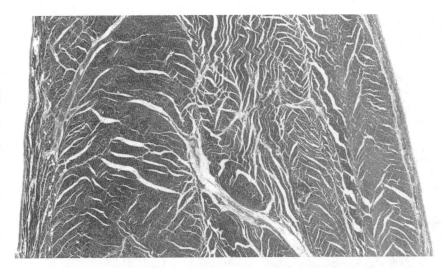

图 2-25　左心室
（HE 染色,30 倍）

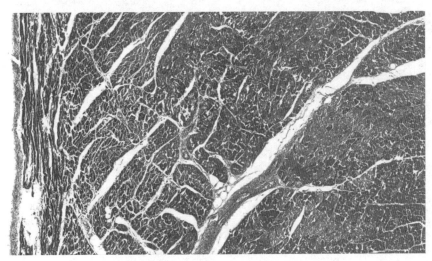

图 2-26　左心室
（HE 染色,100 倍）

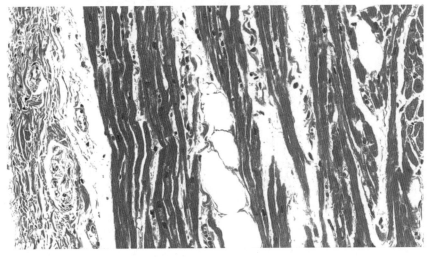

图 2-27　左心室
（HE 染色,400 倍）

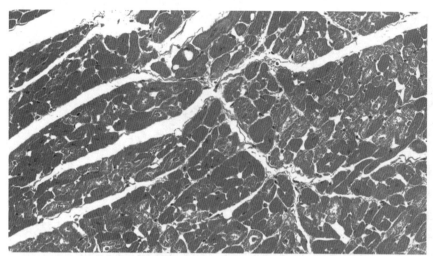

图 2-28　左心室
（HE 染色,400 倍）

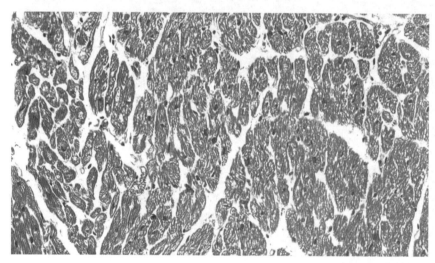

图 2-29　左心室
（HE 染色,400 倍）

第三节　平滑肌

一、分布部位

平滑肌又称内脏肌,广泛分布于体内食管、胃、肠、气管、支气管、子宫及血管等中空性器、腔、囊等器官壁内。平滑肌受内脏神经支配,不受意识控制,属于不随意肌,收缩缓慢、持久。

二、光镜结构

（1）细胞呈扁平梭形，长度 20～200 微米，直径约 8 微米，细胞仅有单个呈杆状或椭圆形的细胞核，位于肌纤维中央，可扭曲成螺旋状。

（2）与骨骼肌不同，细胞表面无横纹，细胞质嗜酸性。

三、电镜结构

肌膜向内凹陷成大量相当于横纹肌横小管的小凹（caveola）。肌浆网位于小凹附近，不发达，呈小管状。肌浆内富含线粒体、高尔基复合体和较多的游离核糖体，脂滴和粗面内质网较少。平滑肌由密斑、密体和中间丝形成细胞骨架系统。

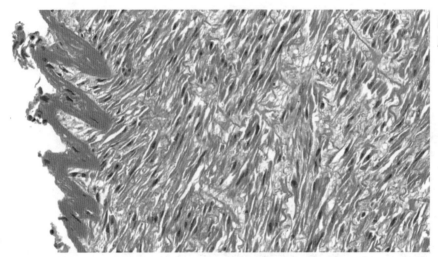

图 2-30 肋动脉平滑肌（HE 染色，400 倍）

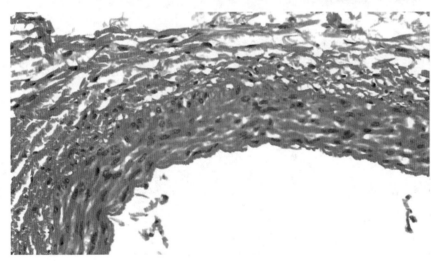

图 2-31 前腔静脉平滑肌（HE 染色，400 倍）

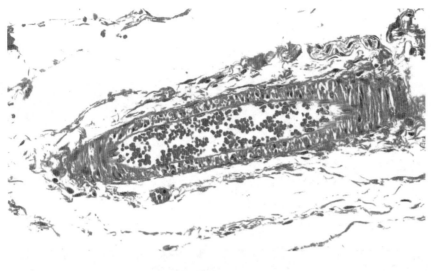

图 2-32　小动脉平滑肌（HE 染色,400 倍）

图 2-33　小静脉平滑肌（HE 染色,400 倍）

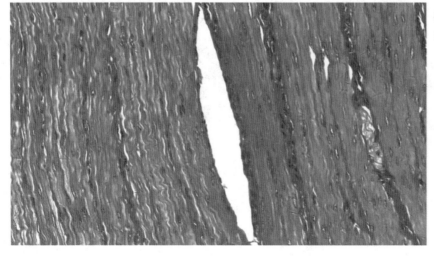

图 2-34　胃壁平滑肌（HE 染色,400 倍）

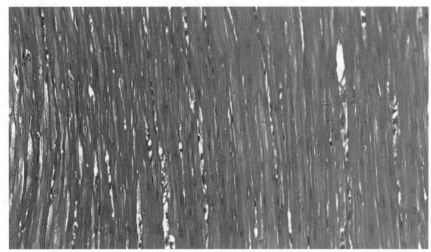

图 2-35　十二指肠壁平滑肌(HE 染色,400倍)

第三章　消化管

消化管由唇、齿、口腔、舌、咽、食管、胃、小肠和大肠构成；小肠分为十二指肠、空肠和回肠三段；大肠分为盲肠、结肠和直肠三段，末端以肛门与外界相通。消化管的功能为通过物理性和化学性消化，将大分子物质分解为小分子的氨基酸、单糖和甘油酯等；吸收营养物质；排泄代谢产物。

第一节　口腔

一、唇

猪的上、下唇之间的口裂较小，上唇与鼻一起形成吻突，表面被覆较厚的被皮。

二、齿

齿为机体最坚硬的骨组织，外表面有一层釉质，内有齿髓腔，容纳齿髓，中间为骨密质。

三、腭

（一）硬腭

腭黏膜前 2/3 部分为硬腭，黏膜呈浅粉红色，上皮为较厚的角化层，表面覆盖黏膜。固有层与骨膜紧密相贴。硬腭前方腭中线两侧黏膜和固有层致密的结缔组织一起隆起形成皱襞状的腭皱襞（palatine rugae）；黏膜下层分布有黏液腺，由一条导管开口至口腔。

（二）软腭

腭黏膜后 1/3 为软腭，软腭黏膜向前与硬腭黏膜相延续，软腭黏膜无角化，固有层不发达，黏膜下层为含有腭腺的疏松结缔组织。

四、舌

舌由前向后分为舌尖、舌体和舌根。舌黏膜表面分布有大量舌乳头，按其形状可分为锥状乳头、叶状乳头、丝状乳头、菌状乳头及轮廓乳头等。舌黏膜深层分布有舌腺，以小导管开口于舌黏膜表面和舌乳头基部。

味蕾（taste bud）为卵圆形的味觉感受器，主要分布于菌状乳头和轮廓乳头，由暗细胞、明细胞和具有增殖能力的基细胞构成。

图 3-1 舌
（HE 染色，40 倍）

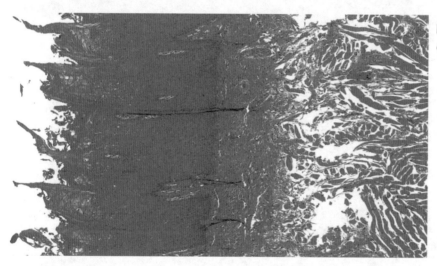

图 3-2 舌
（HE 染色，100 倍）

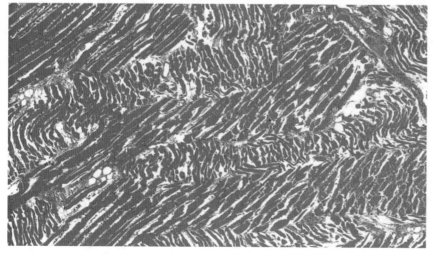

图 3-3 舌肌
（HE 染色，100 倍）

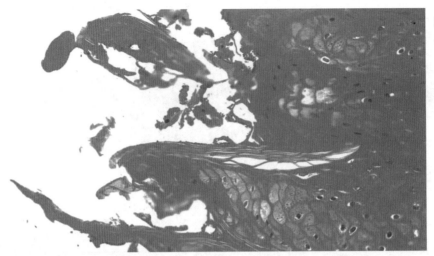

图 3-4 舌黏膜
(HE 染色, 400 倍)

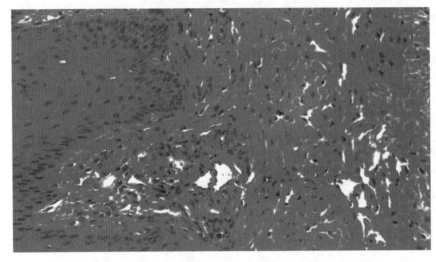

图 3-5 舌
(HE 染色, 400 倍)

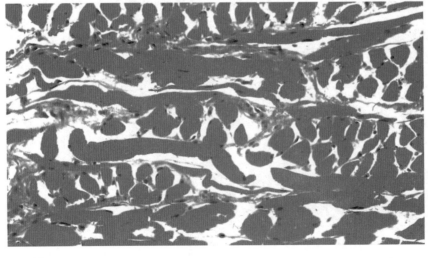

图 3-6 舌肌
(HE 染色, 400 倍)

五、咽

咽部分为鼻咽部、口咽部和喉咽部三部分。壁层由表及里分为黏膜层、纤维层、肌肉层和外膜层。

(一)黏膜层

鼻咽部黏膜上皮为假复层纤毛柱状上皮,分布有杯状细胞,固有层分布有混合腺。口咽部上皮为复层扁平上皮,含有丰富的浆液腺、黏液腺和淋巴组织。

(二)纤维层

由富含纤维的结缔组织构成较厚的纤维层,将黏膜连接枕骨底部和颞骨岩部。

(三)肌层

包括缩咽肌组、提咽肌组和腭帆肌组。

缩咽肌组为上、中、下三对斜形缩肌,收缩将食物送入食管。提咽肌组包括茎突咽肌、咽腭肌和咽鼓管咽肌,收缩上提咽和喉,协助完成吞咽动作。腭帆肌组包括腭帆提肌、腭帆张肌、咽腭肌、舌腭肌和悬雍垂肌,收缩开闭咽口。

(四)外膜层

由结缔组织构成,覆盖于缩咽肌组表面的结缔组织薄膜。

图 3-7 咽
(HE 染色,50 倍)

图 3-8　咽
（HE 染色,100 倍）

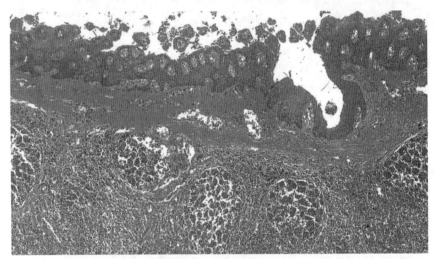

图 3-9　咽
（HE 染色,100 倍）

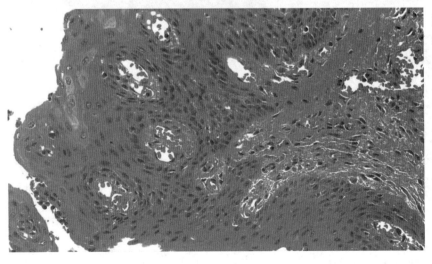

图 3-10　咽
（HE 染色,400 倍）

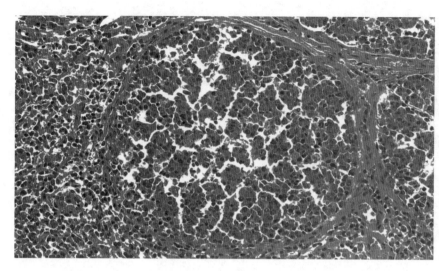

图 3-11　咽淋巴小结
（HE 染色,400 倍）

第二节　食管

食管是咽和胃之间的消化管,分为颈段食管、胸段食管和腹段食管三部分。由内至外由黏膜层、黏膜下层、肌层和外膜四层构成。

一、黏膜层

黏膜层包括上皮、固有层和黏膜肌层。猪是杂食动物,上皮为轻度角化的复层扁平上皮。固有层含有结缔组织。

二、黏膜下层

为疏松结缔组织,内含食管腺、血管、淋巴管、神经及脂肪组织,为固有层提供营养及支持。黏膜下层分布有黏液性食管腺。

三、肌层

前部为骨骼肌,后部为平滑肌。肌纤维的排列为内环形和外纵形两层。

四、外膜

颈段为纤维膜,胸、腹段为浆膜。

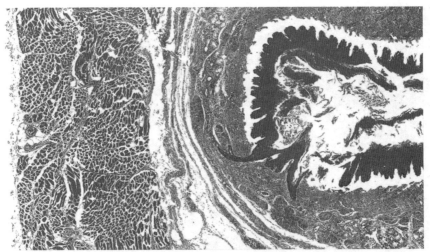

图 3-12　食管
（HE 染色,50 倍）

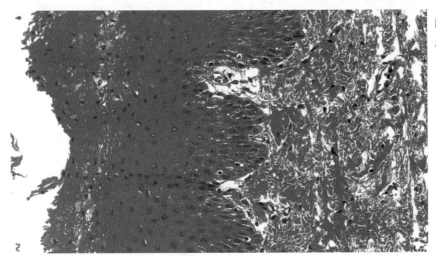

图 3-13　食管黏膜上
皮（HE 染色,400 倍）

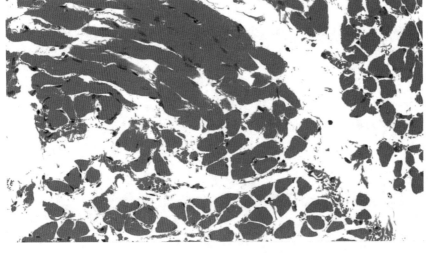

图 3-14　食管壁平滑
肌（HE 染色,400 倍）

第三节 胃

胃是食管的扩大部分,位于膈后,前接食道,后通小肠,通过蠕动搅磨食物,使食物与胃液充分混合,俗称猪肚。与食管相通的部位为贲门,与十二指肠相通的部位为幽门,中间部分的为胃底。

由内至外分为黏膜层、黏膜下层、肌层和外膜。

一、黏膜层

1. 上皮

无腺部为复层扁平上皮,有腺部为单层柱状上皮,分布有黏液细胞。

2. 固有层

上皮下陷至固有层形成胃腺,称为胃小凹。上皮主要由主细胞、壁细胞、颈黏液细胞和内分泌细胞构成。

(1)主细胞(chief cell,胃酶细胞)。

光学显微镜下观察到的细胞结构和特点:柱状,核圆,位于基部,胞质基部嗜碱性,顶部有酶原颗粒。

电子显微镜下观察到的细胞结构和特点:粗面型内质网、高尔基复合体发达,顶部有酶原颗粒。

功能:分泌胃蛋白酶原。

(2)壁细胞(parietal cell,泌酸细胞)。

光学显微镜下观察到的细胞结构和特点:细胞体积较大,散在分布于腺颈和腺体部,圆锥形,核圆,居中,可有双核,胞质嗜酸性。

电子显微镜下观察到的细胞结构和特点:细胞内分泌小管、微管泡系统、大量线粒体。

功能:合成、分泌盐酸(激活胃蛋白酶原、杀菌)、内因子。

(3)颈黏液细胞(mucous neck cell)。数量很少,多位于腺颈部,分泌酸性黏液,楔形、色淡、核扁平、居基底。

干细胞(stem cell):增殖分化为表面黏液细胞和胃底腺细胞。

(4)内分泌细胞。散在分布于以上三种腺细胞之间,分泌肽类或胺类激素,对胃肠的运动和腺体分泌有重要调节作用。

3. 黏膜肌层

内层为环形平滑肌,外层为纵形平滑肌。

二、黏膜下层

为疏松结缔组织。

三、肌层

内层为斜形平滑肌,中层为环形平滑肌,外层为纵形平滑肌。

四、外膜

外膜为结缔组织浆膜。

五、黏液-碳酸氢盐屏障(mucous-HCO$_3^-$ barrier)

胃黏膜上皮表面由含有大量 HCO$_3^-$ 的黏液凝胶构成,形成黏液-碳酸氢盐屏障,保护自身不被消化吸收。

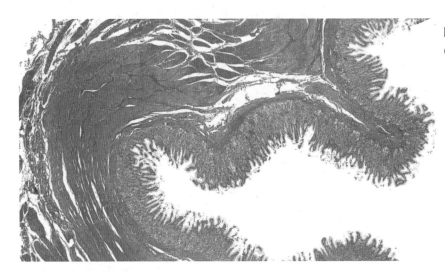

图 3-15　胃幽门
(HE 染色,35 倍)

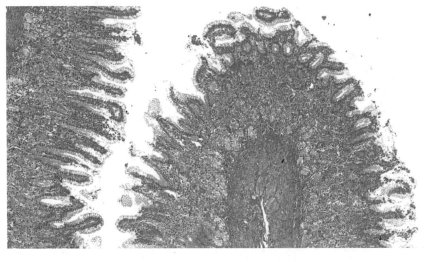

图 3-16　胃幽门黏膜
(HE 染色,100 倍)

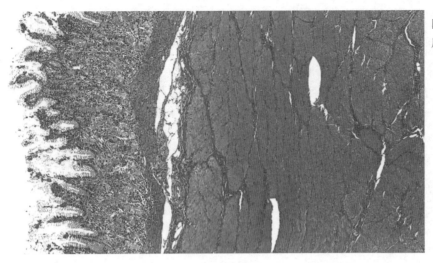

图 3-17 胃幽门壁肌
层(HE 染色,100 倍)

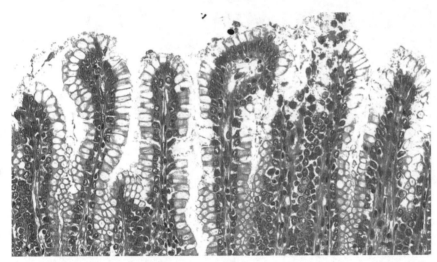

图 3-18 胃幽门黏膜
(HE 染色,400 倍)

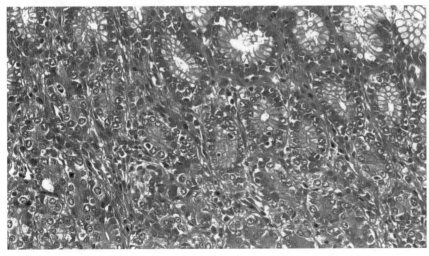

图 3-19 胃幽门腺
(HE 染色,400 倍)

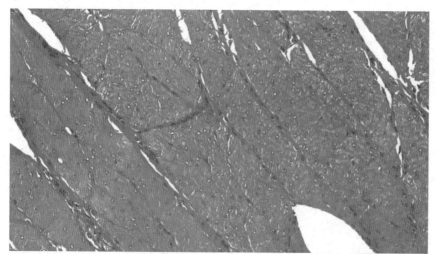

图 3-20　胃幽门壁肌层（HE 染色，400 倍）

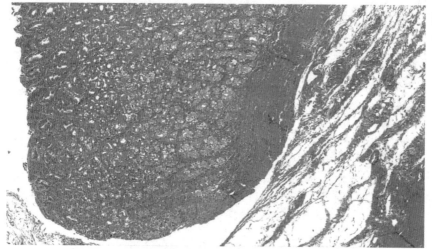

图 3-21　胃贲门（HE 染色，100 倍）

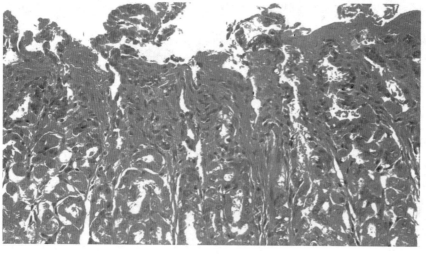

图 3-22　胃贲门壁黏膜（HE 染色，400 倍）

图 3-23 胃贲门腺
（HE 染色, 400 倍）

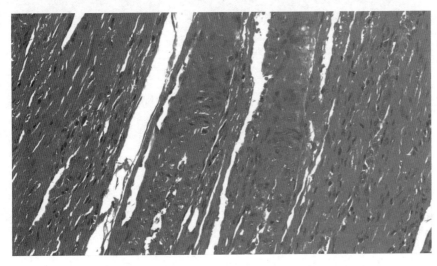

图 3-24 胃贲门壁平
滑肌（HE 染色, 400
倍）

第四节 肠

肠分为小肠和大肠两部分。

一、小肠

小肠由前至后分为十二指肠、空肠和回肠三段。管壁由内至外分为黏膜层、黏膜下层、肌层和外膜。

(一)黏膜

1.上皮

由柱状细胞、杯状细胞、内分泌细胞、潘氏细胞和干细胞构成。

(1)柱状细胞。又称吸收细胞,呈高柱状,游离面有纹状缘。

游离面的微绒毛使细胞游离面扩大20倍;细胞衣的糖蛋白含双糖酶、肽酶、胰蛋白酶、胰淀粉酶等成分,有助于糖和蛋白质消化吸收。侧面的紧密连接阻止肠腔内的物质由细胞间隙进入组织。

(2)杯状细胞(goblet cell)。从十二指肠至回肠数量逐渐增加,分泌黏液。

(3)内分泌细胞。分泌胆囊收缩素和促胰酶素。

(4)潘氏细胞(Paneth cell)。分布于肠腺,呈锥形,含粗大的嗜酸性颗粒,分泌防御素和溶菌酶。

(5)干细胞。体积小,呈柱状,位于小肠腺下半部;不断增殖分化,更新上皮细胞。

2.固有层

由疏松结缔组织构成,分布有中央乳糜管、毛细血管、平滑肌纤维和淋巴小结等组织。

(1)中央乳糜管(central lacteal)。为毛细淋巴管,管腔大,内皮间隙宽,无基膜,通透性大,运输乳糜微粒。

(2)有孔毛细血管。将水溶性物质吸收入血液。

(3)平滑肌纤维。收缩可缩短绒毛,利于淋巴和血液运行。

(4)淋巴小结。从十二指肠至回肠数量逐渐增加,十二指肠、空肠的淋巴小结为孤立淋巴小结;回肠的淋巴小结为集合淋巴小结。

3.黏膜肌层

为平滑肌,收缩可使黏膜活动,促进腺体分泌物排出、血液运行和营养物质吸收。

(二)黏膜下层

由疏松结缔组织构成,内含较大的血管、淋巴管、黏膜下神经丛,仅十二指肠黏膜下层分布有分泌碱性黏液的十二指肠腺。

(三)肌层

肌层一般分为内环形、外纵形两层平滑肌,其间有肌间神经丛,结构与黏膜下神经丛相似,可调节肌层的运动。

(四)外膜

由薄层结缔组织构成,部分十二指肠外膜为纤维膜,其余部位为浆膜。

(五)小肠三级放大结构

1. 环形皱襞

由黏膜和黏膜下层向肠腔突出形成的较大的突起。十二指肠环形皱襞多而高,空肠环形皱襞较高,回肠环形皱襞较低、较少。

2. 肠绒毛

由上皮和固有层结缔组织向肠腔突出形成的细长的突起。十二指肠绒毛密集,呈叶状;空肠绒毛密集,呈细长指状;回肠绒毛密集,呈锥状。

3. 微绒毛

上皮细胞游离面的指状突起,密集排列形成纹状缘。

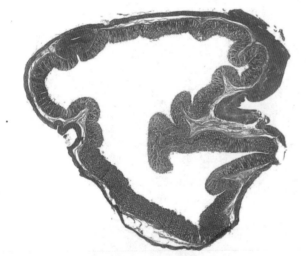

图 3-25 十二指肠
(HE 染色,10 倍)

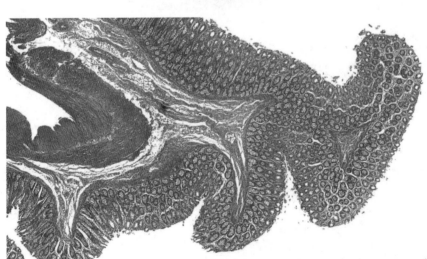

图 3-26 十二指肠皱襞(HE 染色,35 倍)

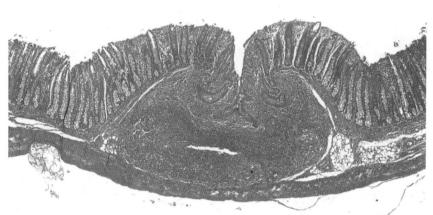

图 3-27　十二指肠淋巴小结（HE 染色，50 倍）

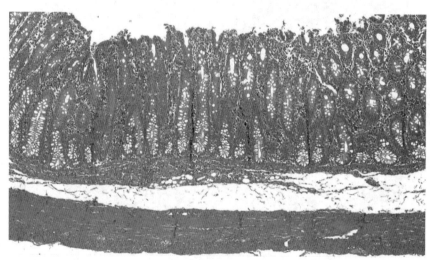

图 3-28　十二指肠（HE 染色，100 倍）

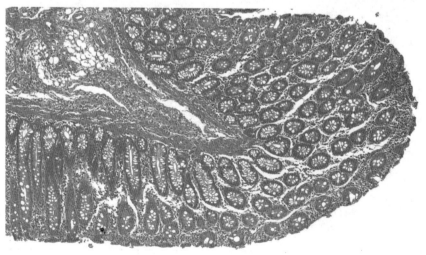

图 3-29　十二指肠黏膜（HE 染色，100 倍）

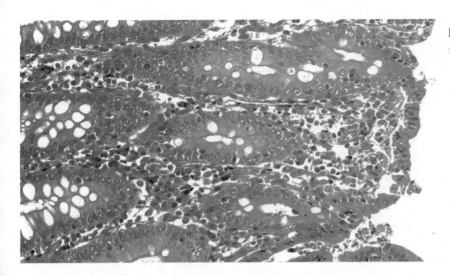

图 3-30　十二指肠绒毛(HE 染色,400 倍)

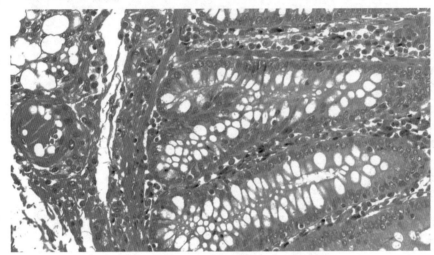

图 3-31　十二指肠隐窝(HE 染色,400 倍)

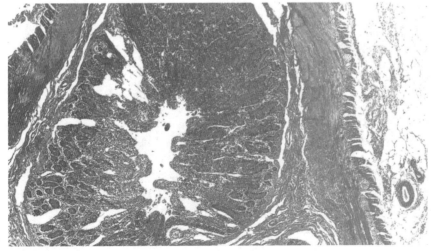

图 3-32　空肠(HE 染色,50 倍)

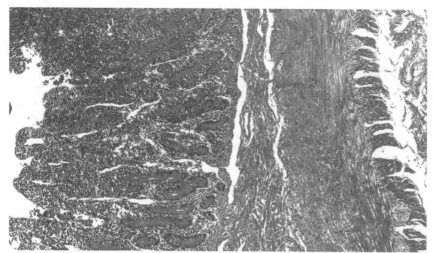

图 3-33　空肠
（HE 染色, 100 倍）

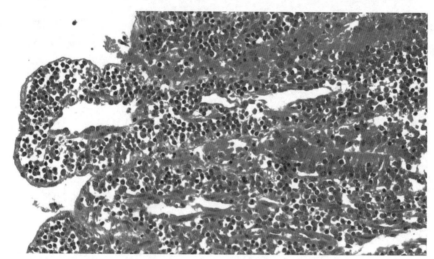

图 3-34　空肠黏膜
（HE 染色, 400 倍）

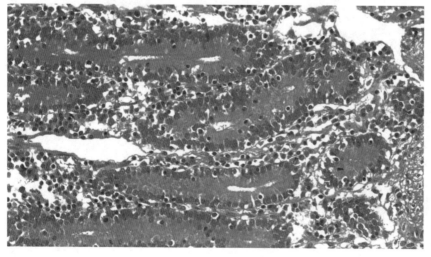

图 3-35　空肠隐窝
（HE 染色, 400 倍）

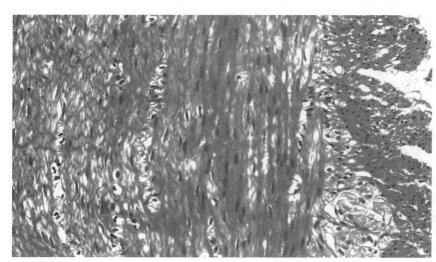

图 3-36 空肠壁平滑
肌(HE 染色,400 倍)

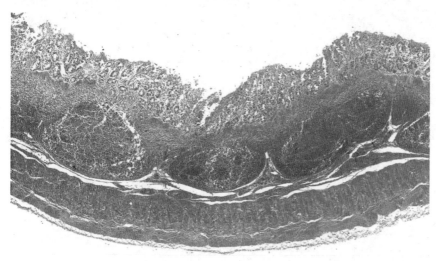

图 3-37 回肠
(HE 染色,40 倍)

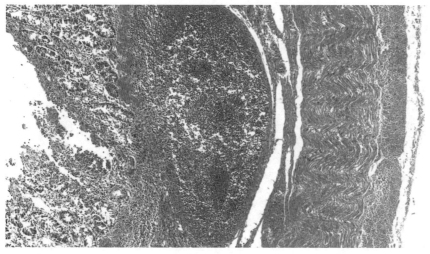

图 3-38 回肠
(HE 染色,100 倍)

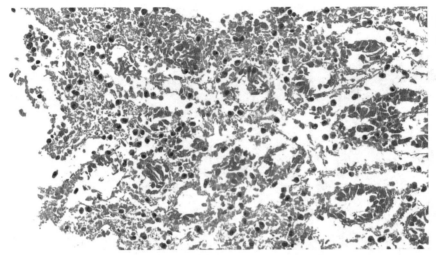

图 3-39　回肠黏膜
（HE 染色,400 倍）

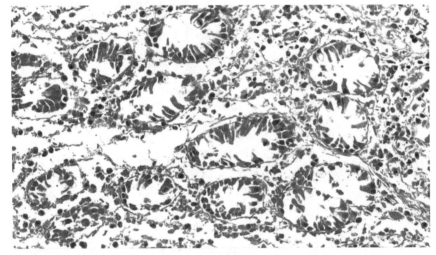

图 3-40　回肠隐窝
（HE 染色,400 倍）

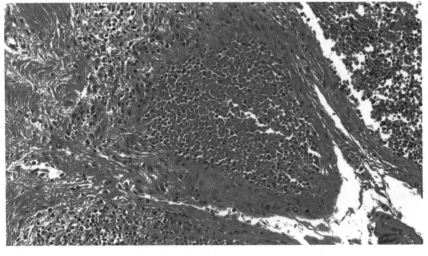

图 3-41　回肠淋巴小
结（HE 染色,300 倍）

二、大肠

大肠分为盲肠(cecum)、结肠(colon)和直肠(cloaca),末端以肛门与外界相通。

大肠特点:黏膜不形成环形皱襞和绒毛;上皮分布有大量的杯状细胞;大肠腺发达,腺上皮分布有大量杯状细胞;外纵形肌增厚形成结肠带。

(一)盲肠

末端为盲端的、呈褐色的一条较粗的肠管,分为盲肠颈、盲肠体和盲肠顶三部分。起始段较细,中段稍粗,盲端又缩细。

1. 黏膜

无绒毛和环形皱襞分布,由内至外分为上皮、固有层和黏膜肌层。

(1)上皮。为单层柱状上皮,含较多的杯状细胞。

(2)固有层。富含肠腺和淋巴组织,上皮下陷至固有层形成单管状肠腺,开口于黏膜表面。盲肠颈淋巴小结集合形成盲肠扁桃体。

(3)黏膜肌层。由内环形、外纵形两层平滑肌构成。

2. 黏膜下层

为含较多血管、神经、淋巴管及脂肪细胞的疏松结缔组织,无肠腺分布。

3. 肌层

为内环形和外纵形两层平滑肌,外纵肌在局部增厚形成结肠带。

4. 外膜

为纤维膜。

(二)结肠

1. 黏膜

无绒毛和环形皱襞分布,由内至外分为上皮、固有层和黏膜肌层。

(1)上皮。为单层柱状上皮,含较多的杯状细胞。

(2)固有层。富含肠腺和淋巴组织,上皮下陷至固有层形成单管状肠腺,开口于黏膜表面。

(3)黏膜肌层。由内环形、外纵形两层平滑肌构成。

2. 黏膜下层

为含较多血管、神经、淋巴管及脂肪细胞的疏松结缔组织,无肠腺分布。

3. 肌层

为内环形和外纵形两层平滑肌,外纵肌在局部增厚形成结肠带。

4. 外膜

为纤维膜。

(三)直肠

1. 黏膜

(1)上皮。前段为单层柱状上皮,含大量杯状细胞,近肛门处为未角化复层扁平上皮。

(2)固有层。前段固有层含有丰富的肠腺,腺管上皮由柱状细胞和杯状细胞构成,近肛门处无肠腺,分布有较多的小静脉。

(3)黏膜肌层。前段由内环形和外纵形两层平滑肌构成,近肛门处消失。

2. 黏膜下层

为疏松结缔组织,含丰富的静脉血管。

3. 肌层

为内环形和外纵形两层平滑肌。肛管的内环肌发达,称肛门内括约肌。

4. 外膜

为纤维膜。

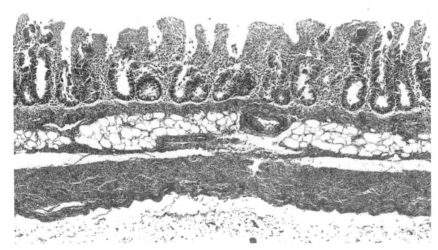

图 3-42　盲肠
(HE 染色,100 倍)

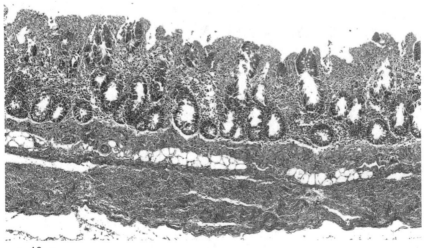

图 3-43　盲肠
(HE 染色,100 倍)

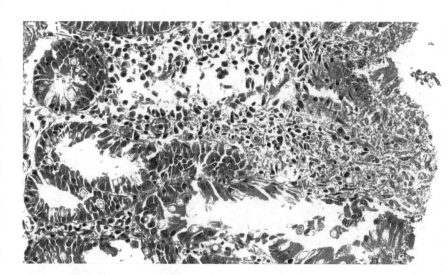

图 3-44 盲肠黏膜
（HE 染色,400 倍）

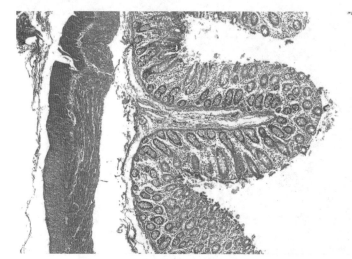

图 3-45 结肠
（HE 染色,50 倍）

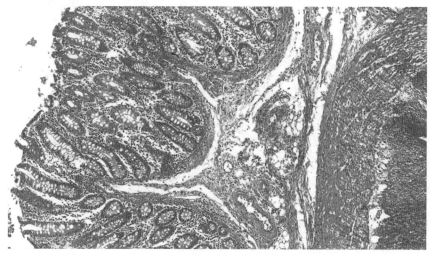

图 3-46 结肠
（HE 染色,100 倍）

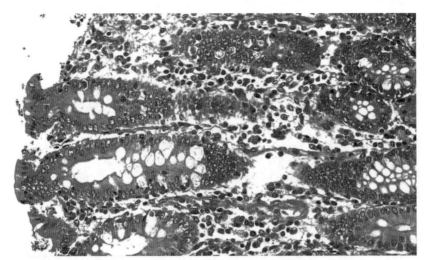

图 3-47　结肠黏膜
（HE 染色，400 倍）

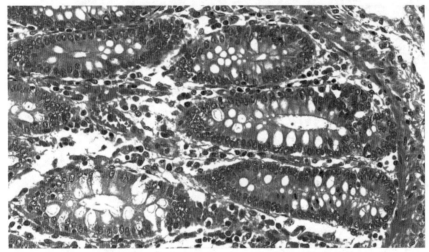

图 3-48　结肠隐窝
（HE 染色，400 倍）

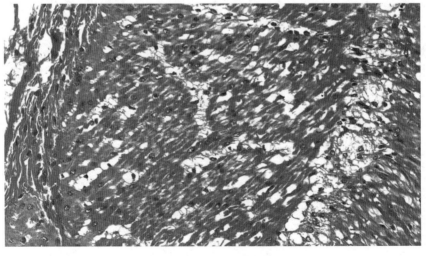

图 3-49　结肠壁平滑
肌（HE 染色，400 倍）

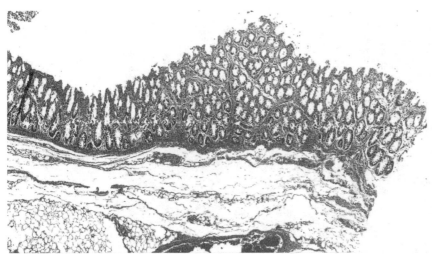

图 3-50 直肠黏膜
(HE 染色,50 倍)

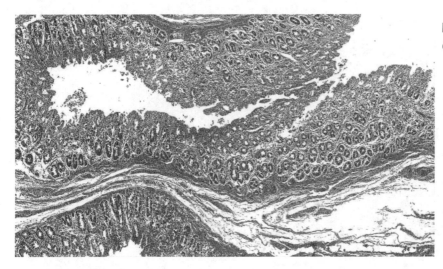

图 3-51 直肠黏膜
(HE 染色,50 倍)

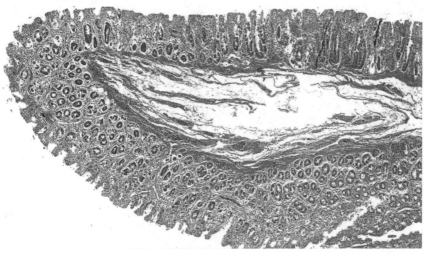

图 3-52 直肠黏膜
(HE 染色,50 倍)

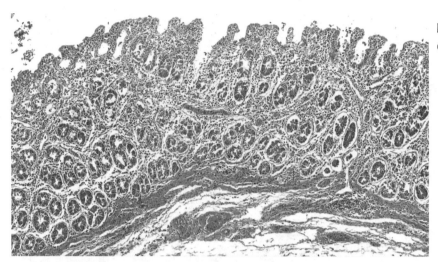

图 3-53 直肠黏膜
（HE 染色，100 倍）

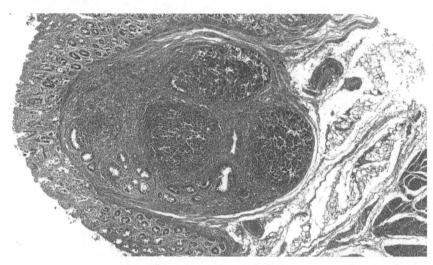

图 3-54 直肠淋巴小
结（HE 染色，50 倍）

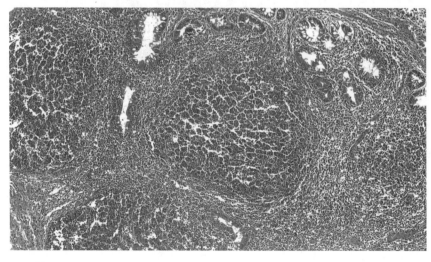

图 3-55 直肠淋巴小
结（HE 染色，100 倍）

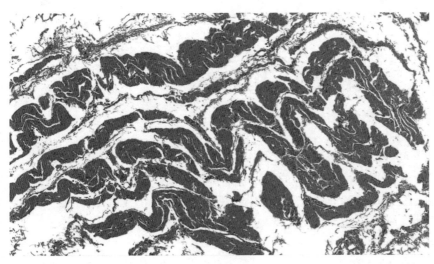

图 3-56 直肠壁平滑肌（HE 染色,100 倍）

图 3-57 直肠黏膜下结缔组织（HE 染色,100 倍）

第四章 消化腺

消化腺(digestive gland)分为大消化腺和小消化腺。大消化腺包括大唾液腺、胰腺和肝脏。大唾液腺分为腮腺、颌下腺、舌下腺。小消化腺分布于消化管壁内,包括分布于口腔内的唇腺、颊腺、腭腺、舌腺、食管腺、胃腺和肠腺等。分泌物经导管排入消化管,对食物进行化学消化作用。

第一节 大唾液腺

大唾液腺外表面被覆结缔组织被膜;实质由腺泡和导管组成。腺泡分浆液性、黏液性和混合性三类,呈管状、泡状或管泡状。导管由闰管、纹状管、小叶间导管和总导管构成。导管可有不分支、分支和反复分支三种。

一、浆液腺

分泌物为较稀薄而清亮的液体,内含各种消化酶和少量黏液。腺细胞锥形,细胞核圆,基底部嗜碱性,顶部含嗜酸性酶原颗粒,围成圆形腺泡,细胞界限不清晰,位于细胞中央或靠近基底部,胞质嗜碱性。

腮腺为浆液性腺,分泌物含大量唾液淀粉酶。

二、黏液腺

分泌物为黏稠的液体,杯状细胞是单个分布的黏液细胞,胞质呈泡沫状,核扁平,位于细胞基底部。

舌下腺为混合性腺,以黏液性腺泡为主,分泌物主要为黏液。

三、混合腺

这种腺含有浆液性腺泡和黏液性腺泡,混合性腺泡多以黏液性细胞为主,有几个浆液性细胞位于黏液性细胞之间或环绕在黏液性细胞的一侧,染色时可明显见到浆液性细胞呈半月形,称为浆半月。

颌下腺为混合性腺,浆液性腺泡较多,分泌物含唾液淀粉酶和黏液。

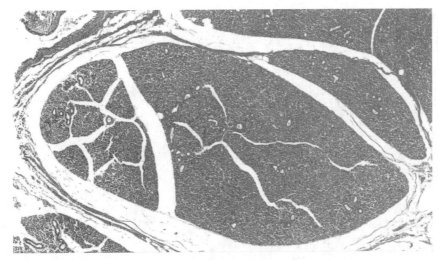

图 4-1 腮腺
(HE 染色,50 倍)

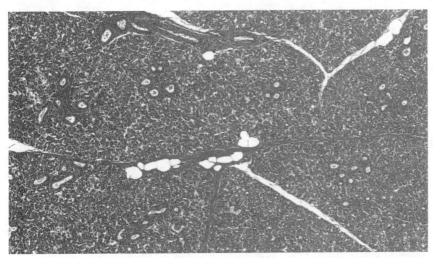

图 4-2 腮腺
(HE 染色,100 倍)

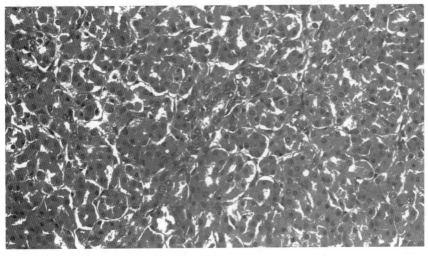

图 4-3 腮腺分泌部
(HE 染色,400 倍)

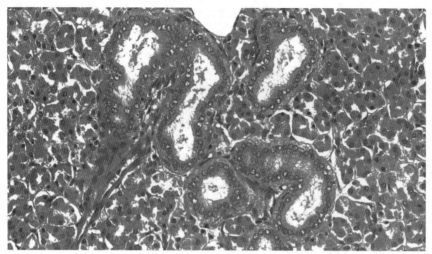

图 4-4　腮腺导管部
（HE 染色，400 倍）

第二节　肝脏

肝脏位于腹腔横隔膜后、右肾的前方、胃的上方，以胆总管开口于十二指肠末端是肌体消化系统中最大的消化腺和新陈代谢的重要器官。

一、组织结构

1. 被膜与间质

肝脏表面被覆致密结缔组织被膜和薄层浆膜（为腹膜脏层），深层被膜经肝门（porta hepatis）伸入肝内将实质分成许多肝小叶（hepatic lobule）。肝小叶之间的门管区分布有小叶间动脉（interlobular artery）、小叶间静脉（interlobular vein）和小叶间胆管（interlobular duct）三种管道，使肝小叶边界明显。

2. 实质

肝小叶（hepatic lobule）是肝脏的结构和功能单位，由中央静脉、肝细胞、肝小管及肝血窦（hepatic sinusoid）等构成，呈多角棱柱体。中央静脉位于肝小叶中央，肝细胞呈辐射状排列排列为不规则的肝板（hepatic plate），肝细胞相邻面的细胞膜局部凹陷形成胆小管。肝板间分布有肝小管和肝血窦。肝细胞呈锥形或多边形；核位于肝细胞靠近血窦的一侧，大而圆，胞质中含有许多小脂滴，分泌胆汁。

（1）中央静脉（hepatic sinusoid）。位于肝小叶中央，内表面为单层扁平上皮，管腔大、管壁薄，与肝血窦直接相通。

（2）胆小管。由相邻肝细胞的局部质膜凹陷成槽并相互对接、封闭而形成，并以盲端起于中央静脉的附近，呈放射状分布于肝小叶的周边，出肝小叶后汇合成小叶间胆管。

（3）肝血窦。位于相邻肝板之间的一种特殊的毛细血管，通透性较大，形状不规则、相互通连、由一层内皮细胞周围包绕着少量网状纤维形成，有利于肝细胞与血流之间进行物质交换。内皮细胞与肝细胞之间有窦周隙（Perisinusoidal space），又称狄氏隙（Disse space），巨噬细胞较多，又称为库普弗细胞（Kupffer cell），有较强的吞噬能力，为肝内重要的免疫细胞。

二、功能

肝细胞合成血浆蛋白和凝血物质；储存肝糖原、脂肪和脂溶性维生素；清除异物和衰老的血细胞；分泌胆汁（bile）。

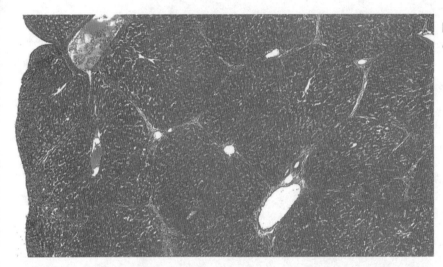

图 4-5　肝
（HE 染色，50 倍）

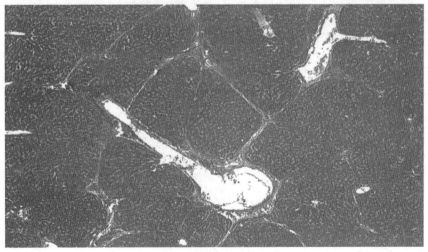

图 4-6　肝
（HE 染色，100 倍）

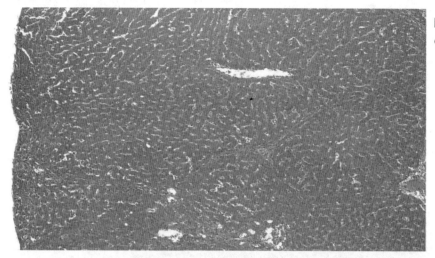

图 4-7　肝
（HE 染色,100 倍）

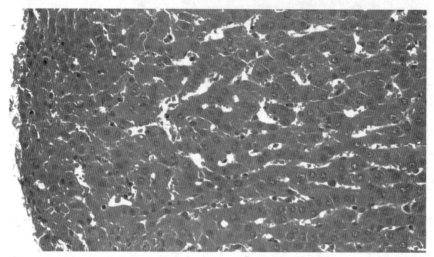

图 4-8　肝
（HE 染色,400 倍）

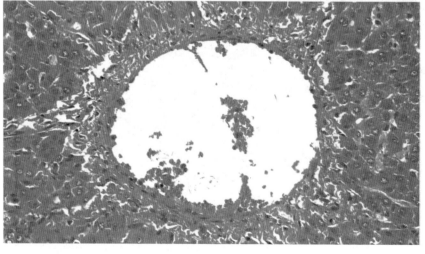

图 4-9　肝小叶间动
脉(HE 染色,400 倍)

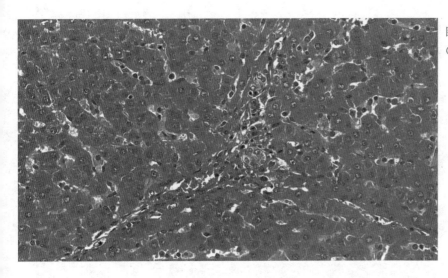

图 4-10 肝
（HE 染色，400 倍）

第三节 胰腺

猪胰腺呈灰黄色，略呈三角形，胰管（pancreatic duct）开口于十二指肠末端，运送胰腺分泌的胰液经胰导管至十二指肠。胰腺分叶不明显，实质被结缔组织分隔为许多小叶，包括外分泌部和内分泌部，内分泌部又称胰岛（pancreatic islet）。

一、外分泌部

外分泌部主要为浆液性复管泡状腺，腺泡细胞分泌包括胰蛋白酶原、胰脂肪酶、胰淀粉酶及胰糜蛋白酶原等在内的多种消化酶，利于消化食物中的多种营养物质。腺泡腔（acinar lumina）面还可见一些较小的扁平或立方形细胞，胞质染色淡，细胞核圆或卵圆形，称泡心细胞（centroacinar cell），形成腺泡腔内的闰管（intercalated duct）。

外分泌部导管依次由闰管、小叶内导管、小叶间导管和一条主导管构成，管径逐渐增粗，导管上皮细胞包括单层立方上皮细胞和单层高柱状上皮细胞，导管上皮细胞主要分泌水和碳酸氢盐等电解质。

二、内分泌部

内分泌部为散布于腺泡间、由内分泌细胞形成的大小不等的岛状球形细胞团，含有丰富的有孔毛细血管。主要分为 α 细胞、β 细胞、γ 细胞及 PP 细胞。

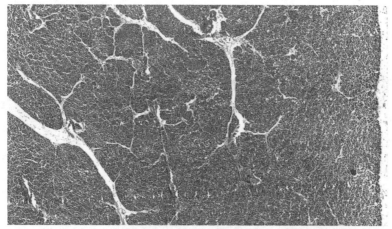

图 4-11　胰腺
（HE 染色,50 倍）

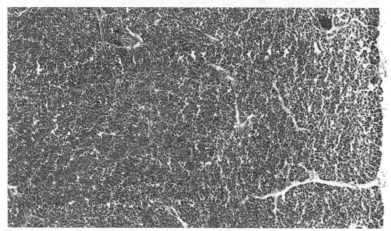

图 4-12　胰腺
（HE 染色,100 倍）

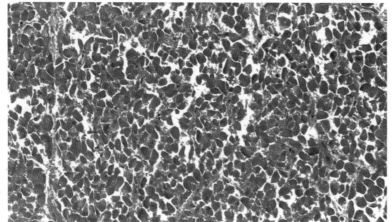

图 4-13　胰腺
（HE 染色,400 倍）

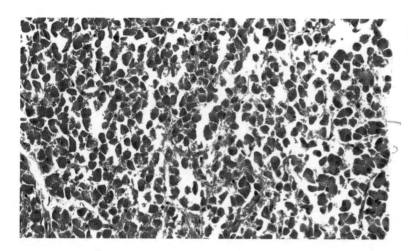

图 4-14 胰腺
（HE 染色，400 倍）

第五章　呼吸系统

第一节　鼻腔

鼻腔(nasal cavity)为鼻孔与鼻后孔之间的腔隙。上皮为假复层无纤毛柱状上皮,由嗅细胞、支持细胞和基底细胞构成,分布有嗅神经(olfactory nerve)和鼻腺(nasal gland)。鼻腔内的上、中、下三个鼻甲(turbinate)和鼻翼内有软骨。

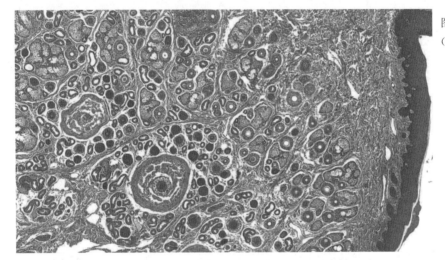

图 5-1　鼻唇
(HE 染色,50 倍)

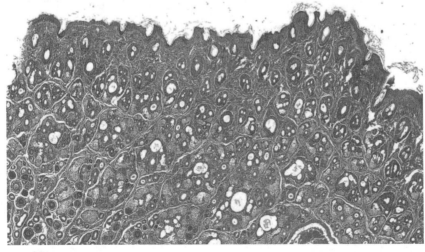

图 5-2　鼻唇
(HE 染色,50 倍)

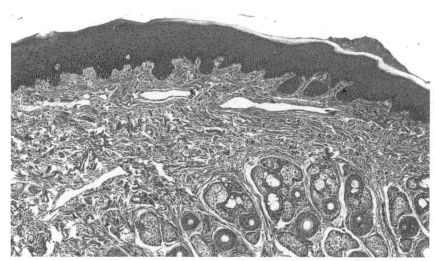

图 5-3　鼻唇
（HE 染色,100 倍）

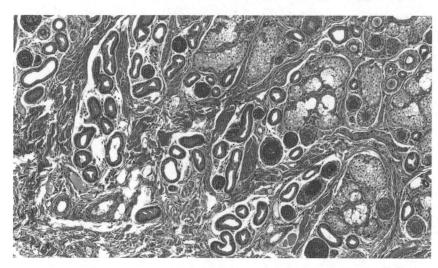

图 5-4　鼻唇
（HE 染色,100 倍）

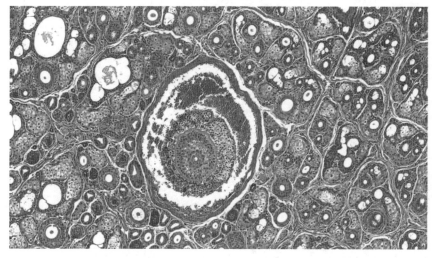

图 5-5　鼻唇
（HE 染色,100 倍）

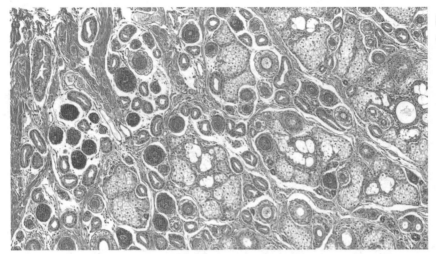

图 5-6　鼻唇
（HE 染色，100 倍）

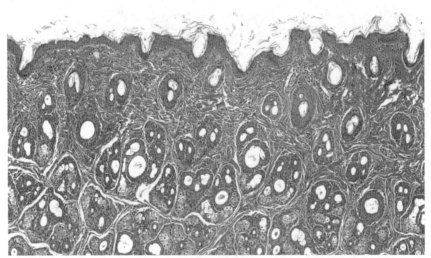

图 5-7　鼻唇
（HE 染色，100 倍）

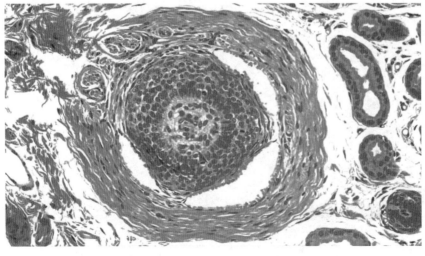

图 5-8　鼻唇
（HE 染色，400 倍）

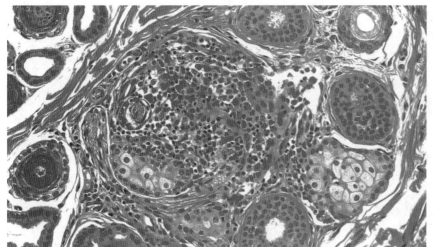

图 5-9 鼻唇
（HE 染色，400 倍）

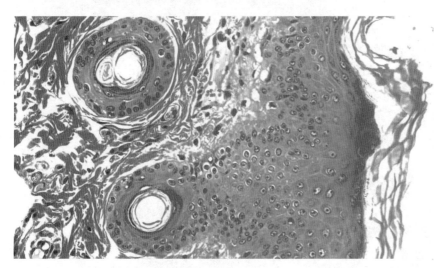

图 5-10 鼻唇
（HE 染色，400 倍）

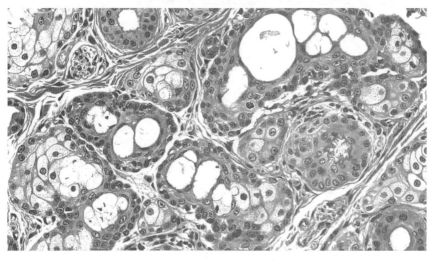

图 5-11 鼻唇
（HE 染色，400 倍）

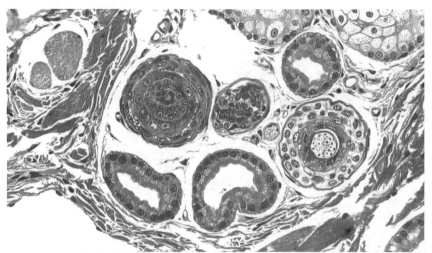

图 5-12　鼻唇
（HE 染色,400 倍）

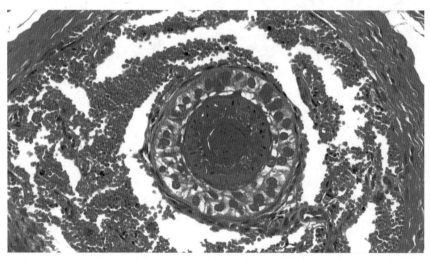

图 5-13　鼻唇
（HE 染色,400 倍）

第二节　气管与支气管

气管(trachea)与支气管(bronchi)主要由 C 字形软骨环借结缔组织互相套叠形成。管壁分为黏膜、黏膜下层和外膜三层,其中,黏膜上皮为假复层纤毛柱状上皮,固有层内分布有大量单泡状的气管腺(tracheal gland),气管腺的腺细胞呈柱状,胞质内黏原颗粒发达。

一、组织结构

1. 黏膜（mucous membrane）

（1）上皮。黏膜上皮为假复层纤毛柱状上皮，分布有纤毛细胞、杯状细胞、刷细胞、小颗粒细胞和基细胞。

①纤毛细胞（ciliated cell）。呈柱状，游离端有密集能动的纤毛，通过摆动排出含有粘附颗粒的痰液。

②杯状细胞（goblet cell）。杯状细胞呈高脚杯状，基部狭窄，顶部膨大富含黏原颗粒，能分泌含有糖分的黏液。

③刷细胞（brush cell）。呈柱状，顶部有整齐密集排列的、较短的、如刷状的微绒毛。

④小颗粒细胞（small granule cell）。呈锥形，体积较小，具有内分泌和吞噬功能。

⑤基细胞（basal cell）。为干细胞，位于黏膜上皮基底部，呈锥形，体积较小，可增殖分化成为上皮细胞。

（2）固有层。为疏松结缔组织，含有血管、弥散的淋巴组织和弹性纤维。

2. 黏膜下层

为主要由气管腺、血管及神经等构成的疏松结缔组织。

3. 外膜

为疏松结缔组织外膜，含有透明软骨和平滑肌纤维束。

二、功能

气管的功能为清洁并运送空气，排出二氧化碳气体和痰液。

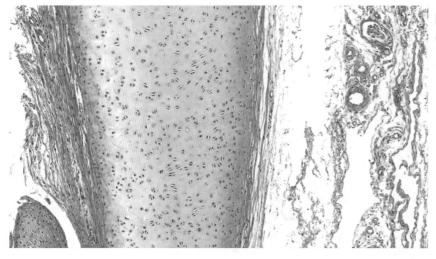

图 5-14　气管
（HE 染色，100 倍）

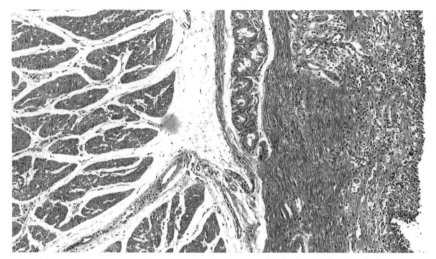

图 5-15　气管
（HE 染色，100 倍）

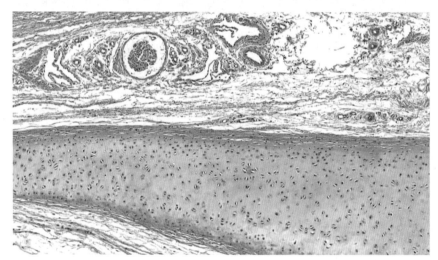

图 5-16　气管
（HE 染色，100 倍）

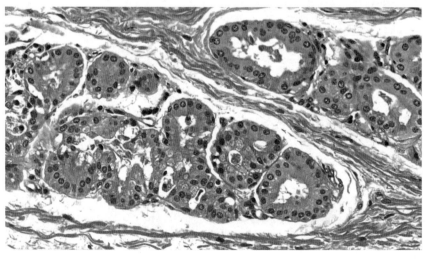

图 5-17　气管
（HE 染色，400 倍）

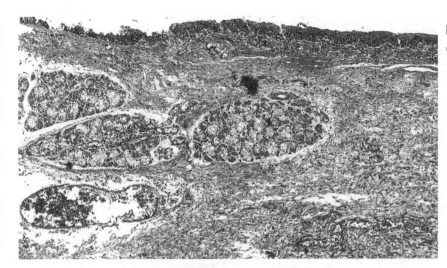

图 5-18　声带
（HE 染色，100 倍）

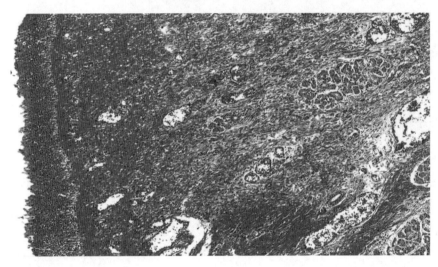

图 5-19　声带
（HE 染色，100 倍）

图 5-20　声带
（HE 染色，100 倍）

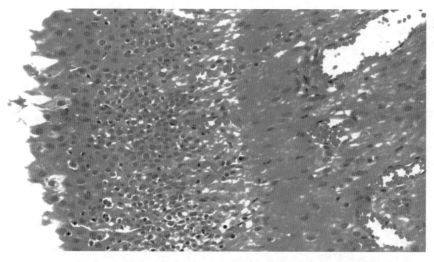

图 5-21 声带
（HE 染色,400 倍）

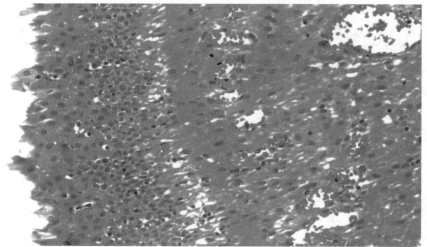

图 5-22 声带
（HE 染色,400 倍）

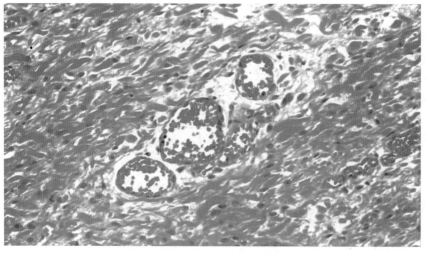

图 5-23 声带
（HE 染色,400 倍）

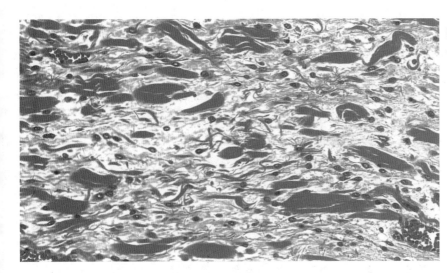

图 5-24 声带
(HE 染色,400 倍)

第三节 肺

肺为海绵状、柔软的器官,位于胸腔。健康的肺呈粉红色,弹性较强,体积较大,分左肺和右肺两大叶,左肺分为尖叶(前叶)、心叶(中叶)和膈叶(后叶)3 叶,右肺分为尖叶(前叶)、心叶(中叶)、膈叶(后叶)和副叶 4 叶。

一、组织结构

1. 被膜

肺表面覆有富含弹性纤维的浆膜,被膜的结缔组织伸入肺实质形成小叶间隔,构成肺内支架,将肺分成许多肺小叶。

2. 实质

导气部和呼吸部的组织结构形成肺的实质。

(1)导气部。支气管逐级发出分支,直至终末细支气管的部分为导气部。叶支气管至小支气管段的管壁上皮为假复层纤毛柱状上皮;杯状细胞、软骨和腺体逐渐减少,平滑肌纤维逐渐增加。细支气管(bronchiole)上皮逐渐由假复层纤毛柱状上皮移行为单层纤毛柱状上皮;杯状细胞、软骨和腺体基本消失或完全消失;环行平滑肌基本形成完整的一层。终末细支气管(terminal bronchiole)上皮主要由单层柱状的克拉拉细胞形成,杯状细胞、软骨片和气管腺完全消失;形成三消失一完整的特征性结构,有完整的环行平滑肌。

(2)呼吸部。包括呼吸性细支气管(respiratory bronchiole)、肺泡管(alveolar duct)、肺泡囊和肺泡。呼吸性细支气管上皮为单层立方上皮,有薄层平滑肌;管壁有半球形肺泡(pulmonary alveoli)开口。若干肺泡的共同开口形成肺泡囊(alveolar sac),肺泡囊和肺泡的开口处形成肺泡管(alveolar duct)。肺泡隔由单层立方上皮和平滑肌束组成,末端形成膨大结节。肺泡由单层肺泡上皮构成。

（3）肺泡上皮。由Ⅰ型肺泡细胞和Ⅱ型肺泡细胞构成。Ⅰ型肺泡细胞呈扁平状，覆盖95%肺泡表面，数量少，参与气体交换，细胞器较少，富含吞饮小泡。Ⅱ型肺泡细胞呈圆形或立方形，覆盖5%肺泡表面，数量较多，含板层小体，分泌表面活性物质，降低肺泡表面张力，稳定肺泡体积；可增殖分化为Ⅰ型肺泡细胞。

（4）肺泡隔（alveolar septum）。相邻肺泡之间的结缔组织分布有大量毛细血管、弹性纤维、成纤维细胞、尘细胞及肥大细胞等，形成肺泡隔。相邻肺泡之间形成执行侧支通气、均衡肺泡内压的肺泡孔（alveolar pore）。尘细胞（dust cell）由位于肺泡隔和肺泡腔的肺巨噬细胞（pulmonary macrophage）吞噬大量尘埃颗粒后形成，参与形成单核吞噬细胞系统。

（5）气-血屏障（blood-air barrier）　由肺泡表面活性物质、Ⅰ型和Ⅱ型肺泡细胞、基膜、薄层结缔组织、基膜及连续毛细血管内皮构成，为肺泡与血液之间进行气体交换所通过的结构。

二、功能

肺的功能是进行气体流通与交换，完成氧气与二氧化碳的交换；通过呼出水汽散发热量，参与体温调节。

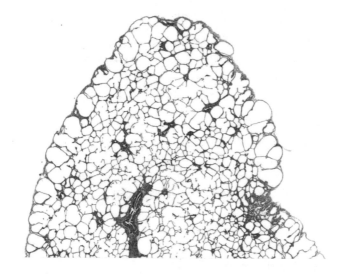

图 5-25　肺
（HE 染色，20 倍）

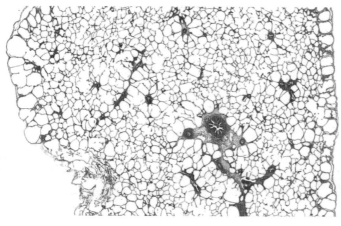

图 5-26　肺
（HE 染色，20 倍）

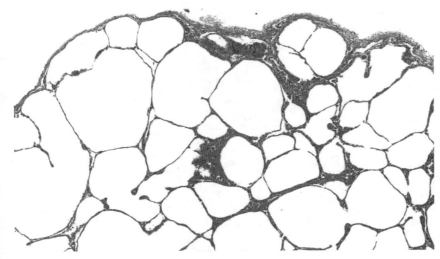

图 5-27 肺
（HE 染色，100 倍）

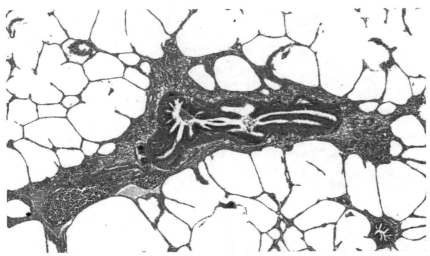

图 5-28 肺
（HE 染色，100 倍）

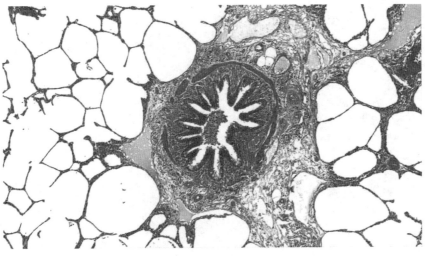

图 5-29 肺
（HE 染色，100 倍）

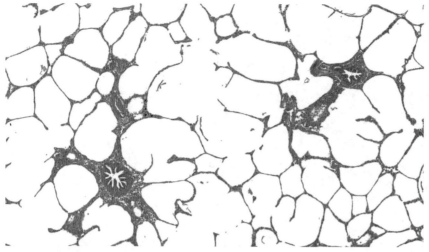

图 5-30 肺
(HE 染色,100 倍)

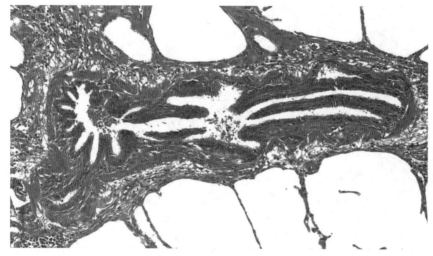

图 5-31 肺
(HE 染色,200 倍)

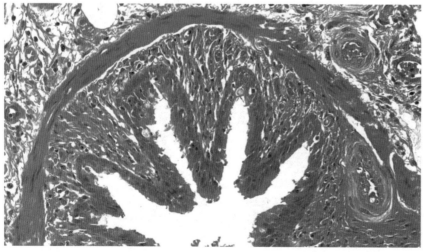

图 5-32 肺
(HE 染色,400 倍)

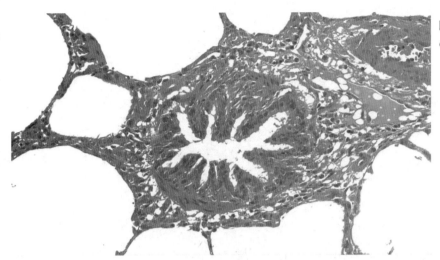

图 5-33　肺
（HE 染色,400 倍）

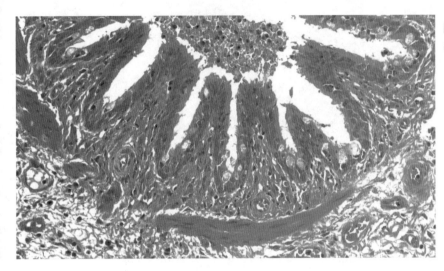

图 5-34　肺
（HE 染色,400 倍）

第六章　泌尿系统

泌尿系统主要由肾、输尿管、膀胱和尿道等器官构成。公猪的尿道分骨盆部和尿道部（在坐骨弓处折转），尿道外口开口在阴茎头；母猪尿道外口开口在尿生殖前庭处；尿道内口位于膀胱三角处。

第一节　肾

猪肾（kidney）属于平滑多乳头肾，体积较大，红褐色，呈豆状，表面覆盖坚实的结缔组织被膜。周边为皮质，中央为髓质，血管、神经和输尿管经肾门进出肾。

一、组织结构

（一）被膜

为含有平滑肌的致密结缔组织形成的纤维膜。

（二）实质

包括位于肾外周的皮质和中央的髓质。

(1)皮质。位于肾外周被膜下，内含有肾小体、髓放线、小叶间动脉、静脉等。

(2)髓质。位于皮质深处、肾柱之间，形成锥体形的肾锥体（renal pyramid），锥底宽大，凸向皮质，锥尖形成乳头状的肾乳头。

①肾叶（renal lobe）。肾锥体与所对应的皮质共同构成肾叶。

②肾柱（renal column）。肾锥体之间的肾皮质形成肾柱。

③髓放线（medullary ray）。肾近端小管、远端小管的直部和集合小管平行排列、聚集形成髓放线，分布于皮质迷路之间。

④皮质迷路（cortical labyrinth）。髓放线间的皮质形成皮质迷路。

⑤肾小叶（renal lobule）。由髓放线及其周围的皮质迷路构成。

（三）肾单位（nephron）

1.概念

肾单位是肾尿液形成的结构和功能单位，由肾小体和肾小管组成。肾单位起始端形成膨大的肾小体,肾小体与由近端小管、细段和远端小管形成的肾小管相连,肾小管末端与集合小管相通。

2.肾单位分类

肾小体在皮质中深浅位置不同,因此,将肾单位分为浅表肾单位和髓旁肾单位。

(1)浅表肾单位(cortical nephron)。位于皮质浅层、被膜下,又称皮质肾单位,体积较小,数量较多(约占肾单位总数的85%),髓袢(由肾小管直段和细段构成)和细段均较短,主要发挥形成尿液的作用。

(2)髓旁肾单位(juxtamedullary nephron)。位于皮质深处,又称近髓肾单位,体积较大,数量较少(约占肾单位总数的15%),髓袢和细段较长,主要发挥浓缩尿液的作用。

3.肾小体(renal corpuscle)

肾小体由血管球和肾小囊构成,呈球形,又称肾小球,直径200微米左右,肾小体包括血管极(vascular pole)和尿极(urinary pole),前者有微动脉出入;后者与近端小管相连。

(1)血管球(glomerulus)。位于肾小体内,为盘曲成球状的动脉性毛细血管团,入球微动脉发出分支形成袢状毛细血管后汇聚形成出球微动脉。

①光镜结构。入球微动脉稍粗于出球微动脉,有球内系膜包裹。

②电镜结构。毛细血管为有孔型毛细血管,内皮有直径约为50～100纳米的孔径,内皮细胞外有不连续的基膜。

(2)肾小囊(bowman capsule)。包裹在血管球外,呈双层杯状囊,由肾小管起始部膨大并凹陷形成。肾小囊外层(壁层)由单层扁平上皮构成,与近端小管相连。肾小囊内层(脏层)由足细胞包在血管球毛细血管外形成。

(3)足细胞(podocyte)。足细胞包裹在毛细血管外,胞体依次发出初级突起和次级突起。

①光镜结构。细胞体积大,发出许多突起,胞核染色较深。

②电镜结构。足细胞发出指状突起,相互嵌合、形成栅栏状结构,紧紧覆盖在毛细血管基膜外,突起之间形成大量的覆盖有裂孔膜(slit membrane)的裂孔(slit pore)。

4.血管球内系膜

由分布于血管球毛细血管与内皮细胞之间的系膜细胞和系膜基质构成。

(1)系膜细胞结构

①光镜结构。细胞的突起发达,呈星型,细胞核小,HE染色深。

②电镜结构。细胞突起位于内皮细胞与基膜之间或贯穿内皮细胞到达毛细血管腔内。系膜细胞富含高尔基体、分泌颗粒、微管及微丝等细胞器。

(2)功能。系膜细胞合成基膜和系膜基质,参与基膜的更新与修复;分泌肾素、细胞因子及酶等生物活性物质;类似平滑肌细胞的收缩功能,调节毛细血管内的血流量。

5.肾小管(renal tubule)

包括近端小管、细段和远端小管,分别由单层立方上皮细胞、单层扁平细胞和单层立方细胞构成。

(1)近端小管(proximal tubule)。粗而长,分为近端小管曲部和近端小管直部。

①近端小管曲部(近曲小管,proximal convoluted tubule)。近曲小管与肾小体尿极相连。管腔由单层立方形细胞形成,细胞体积大,细胞核大而圆,位于细胞基部,染色较浅,细胞质嗜酸性,染色较深,边界不清晰,细胞游离缘的微绒毛形成刷状缘,基底面纵纹发达。

②近端小管直部(近直小管,proximal straight tubule)。位于皮质和肾锥体内,管壁上皮细胞高度较低,微绒毛、侧突及质膜内褶不发达,细胞器含量较少。

(2)细段。位于髓放线和肾锥体内,管径较细,管壁较薄,由单层扁平上皮细胞构成,游离缘分布有稀疏微绒毛。

(3)远端小管(distal tubule)。管壁由单层矮立方形细胞构成,细胞质弱嗜酸性,染色浅,边界较清晰。

①远端小管直部(远直小管)(distal straight tubule)。位于肾锥体和皮质内,上皮细胞游离缘分布于稀疏的微绒毛,基底面质膜内褶发达。

②远端小管曲部(远曲小管)(distal convoluted tubule)。管壁由单层矮立方形细胞构成,胞核排列较整齐,细胞界限明显,管腔较大,管壁较薄。

(4)肾小管的功能。选择性重吸收水、无机盐、葡萄糖和氨基酸,分泌和排泄氨。

(5)集合管。上皮细胞依次为立方细胞、柱状细胞和高柱状细胞。细胞染色浅,边界清晰,细胞核居中央位置,受肾上腺醛固酮和垂体抗利尿激素调节重吸收水,分泌 H^+ 和 HCO_3^-。

6.球旁复合体

由球旁细胞、致密斑和球外系膜细胞构成,位于肾小体血管极处,呈三角形结构,称为球旁复合体。

(1)球旁细胞(juxtaglomerular cell)。由入球微动脉近血管极处入球微动脉管壁平滑肌细胞特化形成的上皮样细胞,呈立方形,体积较大,富含粗面内质网、核糖体、高尔基体及含肾素的分泌颗粒。具有内分泌肾素(蛋白水解酶)、促进肾上腺醛固酮的分泌、肾小管钠水重吸收增加,升高血压的功能。

(2)致密斑(maculae densa)。位于靠近肾小体的远端小管的上皮细胞细而高,形成椭圆形斑状隆起,称为致密斑。胞质染色浅,核呈椭圆形,细胞基膜不完整。致密斑通过感受小管内的钠离子浓度调节球旁细胞分泌肾素。

(四)肾间质

肾间质为泌尿小管间的结缔组织,分布有一种呈星形的间质细胞,突起较多,合成的髓脂I转化为髓脂II,舒张血管,降低血压。位于肾小管周围的血管内皮细胞分泌的红细胞生成素调节骨髓中红细胞生成。

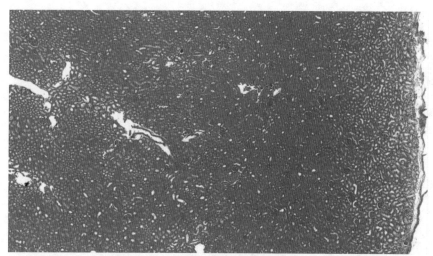

图 6-1 肾皮质
（HE 染色，40 倍）

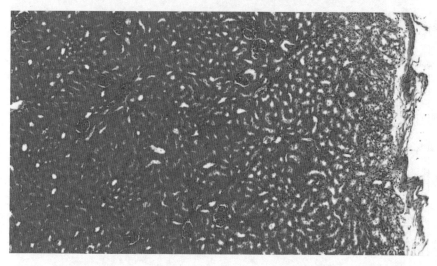

图 6-2 肾皮质
（HE 染色，100 倍）

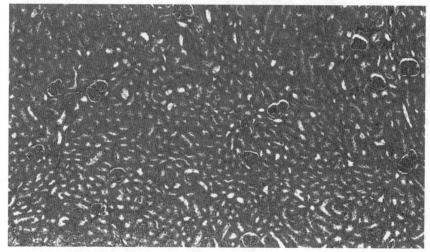

图 6-3 肾皮质
（HE 染色，100 倍）

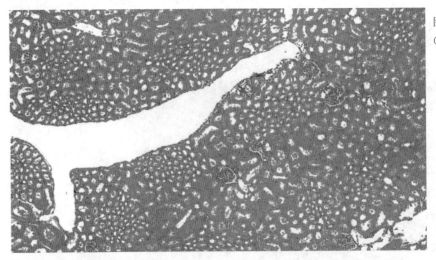

图 6-4　肾皮质
（HE 染色，100 倍）

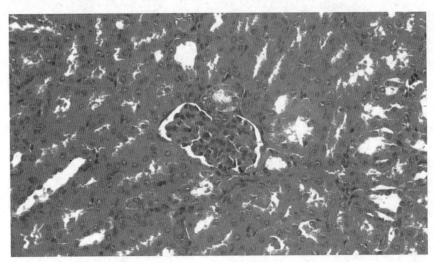

图 6-5　肾小体
（HE 染色，400 倍）

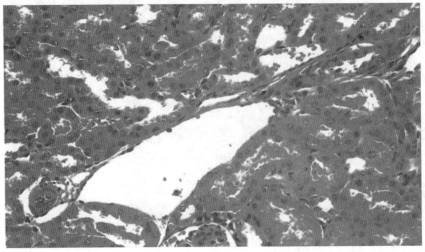

图 6-6　肾小管
（HE 染色，400 倍）

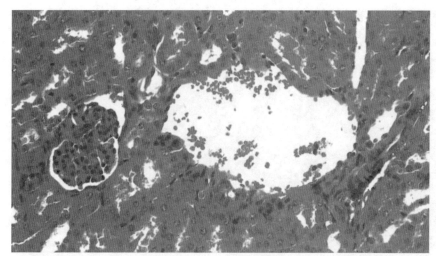

图 6-7　肾小管
（HE 染色, 400 倍）

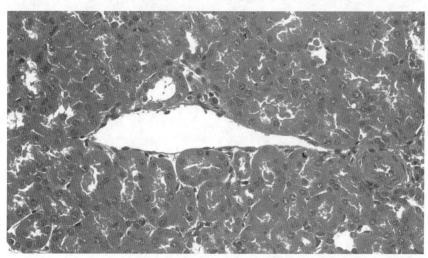

图 6-8　肾（HE 染色,
400 倍）

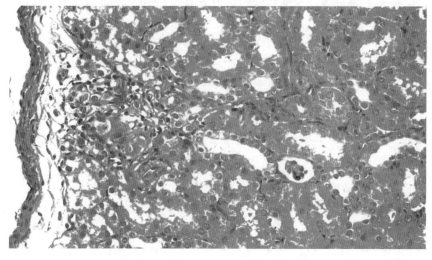

图 6-9　肾小管
（HE 染色, 400 倍）

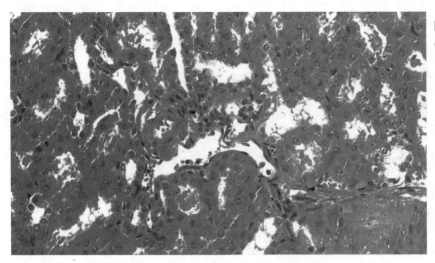

图 6-10　肾小管
（HE 染色，400 倍）

第二节　尿路通道

尿路通道包括输尿管、膀胱和尿道。

一、输尿管

由肾门部发出，左右各一，对称分布，输尿管腹腔段和骨盆部沿肾的腹侧面向后移行、进入膀胱壁并在膀胱壁内移行一段后开口于膀胱腔面。输尿管管径细、管壁薄，由内至外分为黏膜、肌层和外膜，黏膜上皮为假复层柱状上皮。

1. 黏膜

上皮为变移上皮。上皮下面是较为致密的结缔组织形成的固有层，内含有许多血管。

2. 肌层

由平滑肌组成，输尿管呈内纵、中环、外纵。

3. 外膜

由结缔组织组成的纤维膜。

二、膀胱

膀胱位于骨盆内，为梨形的中空肌质性器官，暂时储存尿液。壁层由内至外分为黏膜、肌层和外膜。

1. 黏膜

黏膜主要由薄而扁平的变移上皮和固有层构成，空虚时形成大量皱襞。

2.肌层

由内纵、中环、外纵三层平滑肌构成,包括逼尿肌和膀胱三角区肌。

3.外膜

大部分外膜为致密结缔组织纤维膜,仅在膀胱顶部为疏松结缔组织浆膜。

三、尿道

尿道起自膀胱的尿道内口,止于尿道外口,从膀胱运送尿液通向体外。

公猪尿道细长,分为尿道骨盆部和阴茎部,兼有排尿和排精功能。母猪尿道粗而短,开口于尿生殖道前庭。

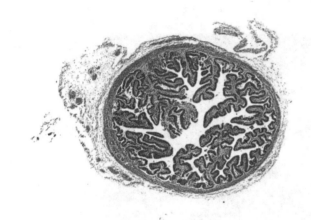

图 6-11　输尿管

(HE染色,40倍)

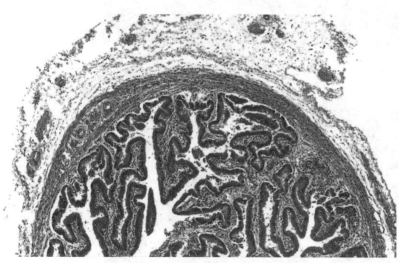

图 6-12　输尿管

(HE染色,100倍)

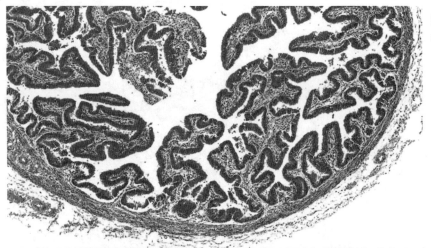

图 6-13　输尿管
（HE 染色，100 倍）

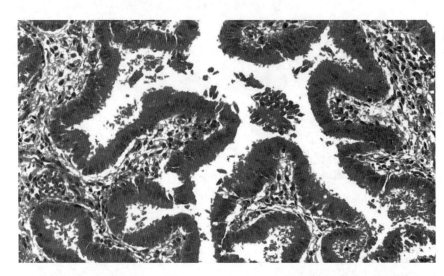

图 6-14　输尿管
（HE 染色，400 倍）

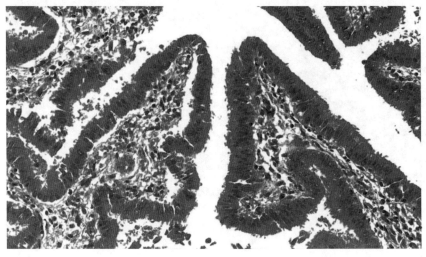

图 6-15　输尿管
（HE 染色，400 倍）

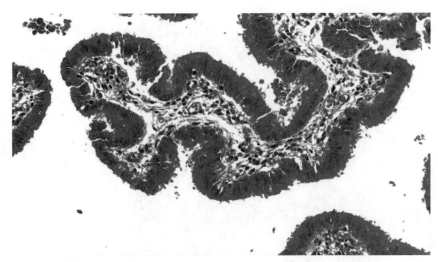

图 6-16 输尿管
（HE 染色,400 倍）

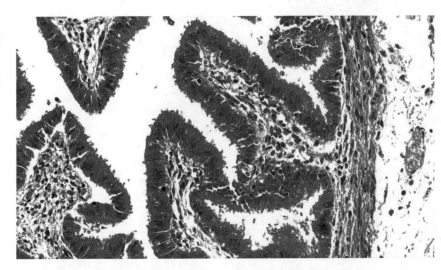

图 6-17 输尿管
（HE 染色,400 倍）

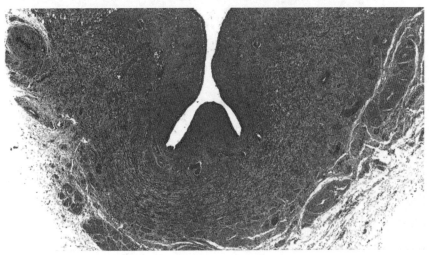

图 6-18 尿生殖道
（HE 染色,40 倍）

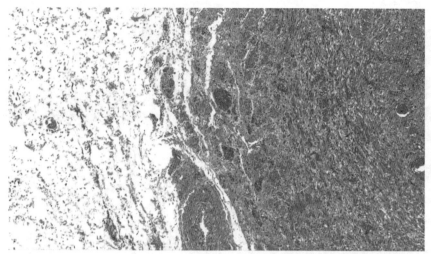

图 6-19　尿生殖道
（HE 染色,40 倍）

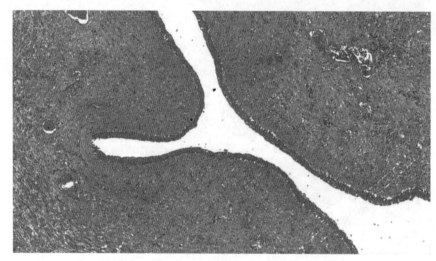

图 6-20　尿生殖道
（HE 染色,100 倍）

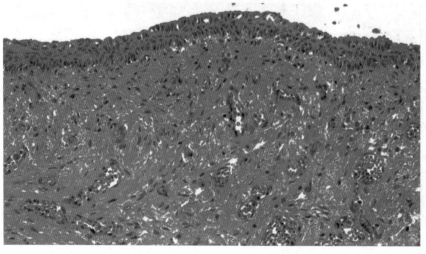

图 6-21　尿生殖道
（HE 染色,400 倍）

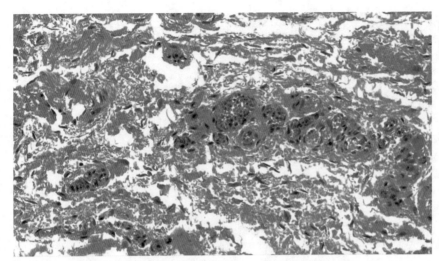

图 6-22　尿生殖道
（HE 染色，400 倍）

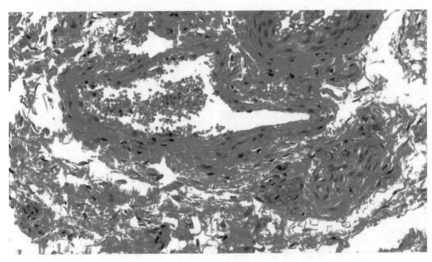

图 6-23　尿生殖道
（HE 染色，400 倍）

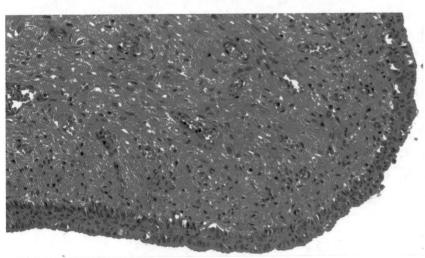

图 6-24　尿生殖道
（HE 染色，400 倍）

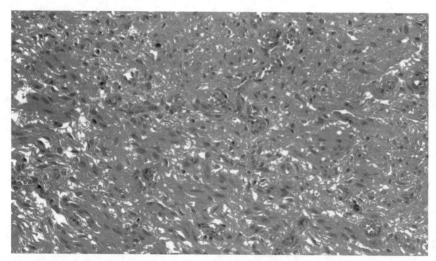

图 6-25 尿生殖道
（HE 染色，400 倍）

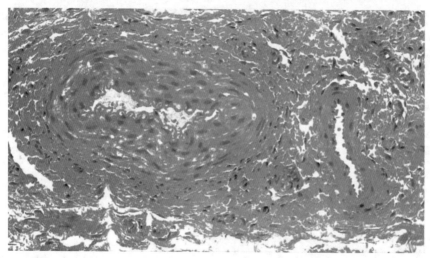

图 6-26 尿生殖道血
管（HE 染色，400 倍）

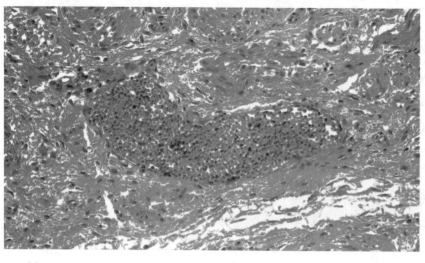

图 6-27 尿生殖道血
管（HE 染色，400 倍）

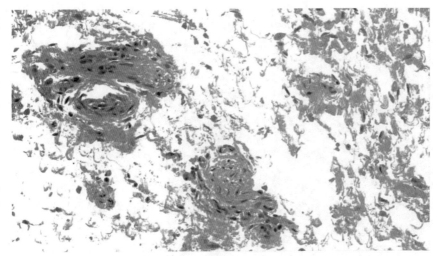

图 6-28 尿生殖道结
缔组织(HE 染色,400
倍)

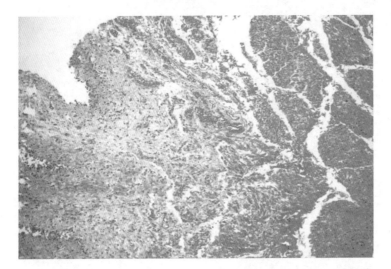

图 6-29 膀胱
(HE 染色,100 倍)

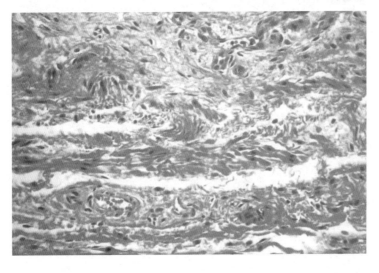

图 6-30 膀胱
(HE 染色,400 倍)

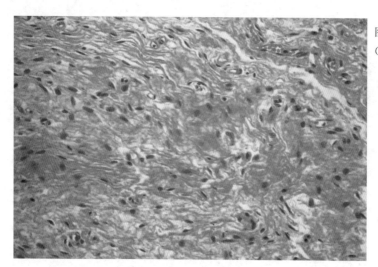

图 6-31　膀胱
（HE 染色,400 倍）

第七章 公猪生殖系统

公猪生殖系统包括睾丸、附睾、输精管、副性腺、尿生殖道、阴茎和其附属器官(精索和包皮)等器官。睾丸有一对,呈长椭圆形,性成熟后,进入阴囊。通常左侧睾丸较右侧稍大。副性腺包括精囊腺、前列腺和尿道球腺。

第一节 睾丸与附睾

一、睾丸

(一)组织结构

1. 被膜与间质

睾丸表面被膜包括位于浅层、很薄的浆膜和深层致密结缔组织构成的白膜,白膜伸入实质形成睾丸纵隔和睾丸小隔,分布于曲细精管之间,称睾丸间质,将睾丸实质分隔成睾丸小叶。间质含有血管、淋巴管、神经及成群存在的间质细胞。间质细胞呈多边形,细胞核呈球形,分泌雄激素。

2. 实质

睾丸主要由长而弯曲、不规则的曲精小管和靠近睾丸纵隔的直精小管构成。生殖上皮外面分布有基膜,依次分布着嵌入支持细胞的精原细胞、初级精母细胞、次级精母细胞、精子细胞和精子。

(1)精原细胞(spermatogonium)。位于基膜内侧,体积较小,呈圆或卵圆形,细胞核中因异染色质多而着色较深。部分精原细胞通过有丝分裂形成新的精原细胞,部分发育形成初级精母细胞。

(2)初级精母细胞(primary spermatocyte)。位于精原细胞的内侧,体积最大,呈圆形,细胞核大而圆,通过第一次成熟分裂形成次级精母细胞。

(3)次级精母细胞(secondary spermatocyte)。位于初级精母细胞内侧,体积较小,细胞核呈圆形,染色较深。

(4)精子细胞(spermatid)。成群分布于次级精母细胞内侧,体积最小,细胞质少而具有较强的嗜酸性,细胞核呈圆形,染色质细密,细胞核着色较深,变态形成精子。

(5)精子(sperm)。精子常成群嵌入支持细胞质中,成熟后游离到曲细精管管腔中。呈蝌蚪状,由精子头、精子颈、精子尾三段构成,头部主要由细胞核占据,着色深。

（6）支持细胞（sertoli cell）。又称塞托利细胞,体积较大,呈锥形或高柱状,底部附着于基膜上,游离端直达腔面;细胞轮廓因各种生殖细胞嵌入而不清,核呈锥体状或不规则形,染色浅,核仁明显。支持细胞对生殖细胞有支持和营养的作用。

（二）功能

源源不断产生精子,分泌雄性激素,调控雄性生殖器官发育,并维持雄性动物性征。

二、附睾

附睾（epididymis）位于睾丸的附睾缘,包括附睾头、附睾体和附睾尾。睾丸输出小管依次汇聚形成附睾头、盘曲形成体部和尾部。位于附睾尾的附睾管汇聚形成一条细长的输精管。

附睾功能为使精子获得运动能力,分泌某些激素、酶和特异的营养物质,促进精子的成熟。

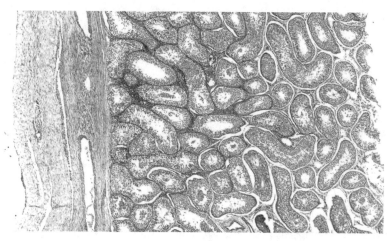

图 7-1　生精小管
（HE 染色,40 倍）

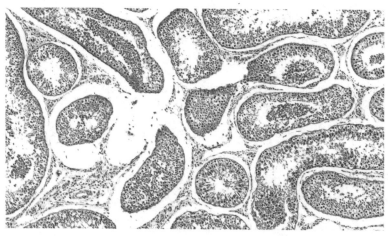

图 7-2　生精小管
（HE 染色,100 倍）

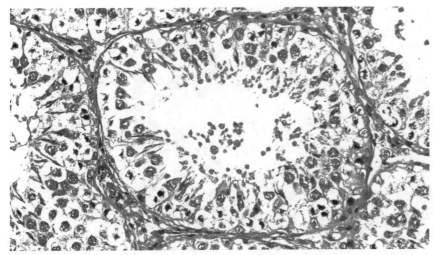

图 7-3　生精小管
（HE 染色,400 倍）

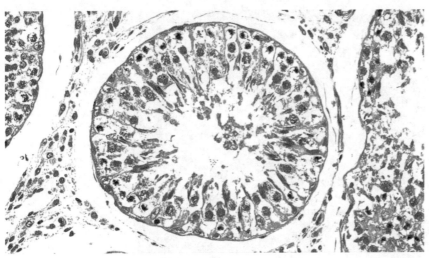

图 7-4　生精小管
（HE 染色,400 倍）

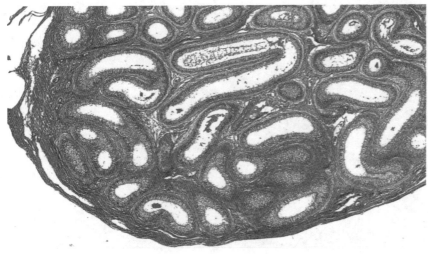

图 7-5　附睾头
（HE 染色,40 倍）

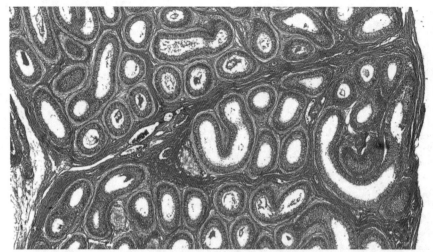

图 7-6 附睾头
（HE 染色，100 倍）

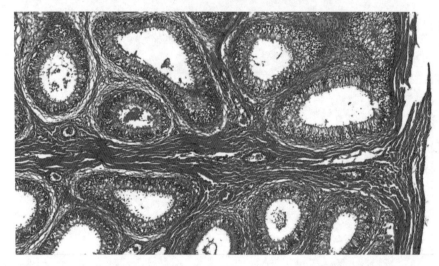

图 7-7 附睾头
（HE 染色，100 倍）

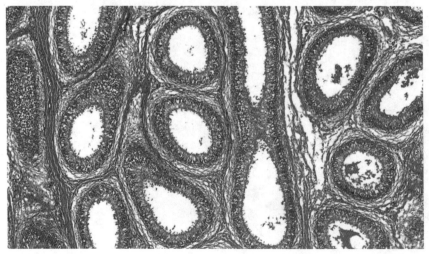

图 7-8 附睾头
（HE 染色，100 倍）

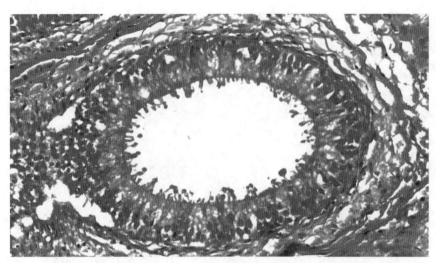

图 7-9　附睾头
（HE 染色，400 倍）

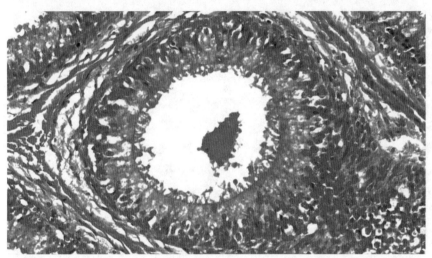

图 7-10　附睾头
（HE 染色，400 倍）

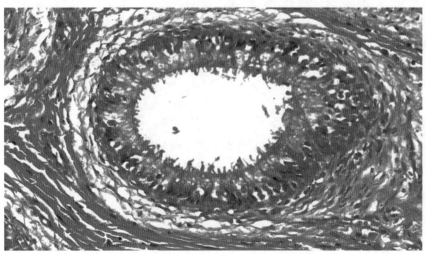

图 7-11　附睾头
（HE 染色，400 倍）

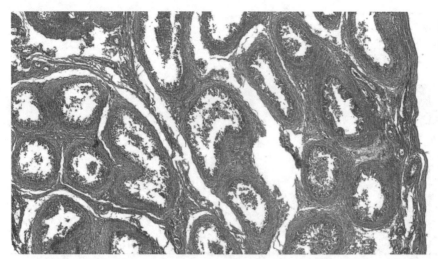

图 7-12　附睾尾
（HE 染色,40 倍）

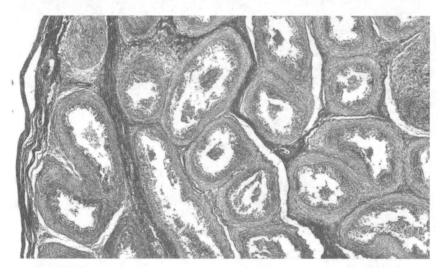

图 7-13　附睾尾
（HE 染色,40 倍）

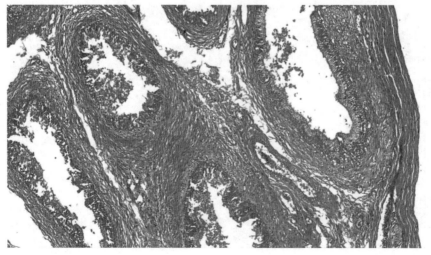

图 7-14　附睾尾
（HE 染色,100 倍）

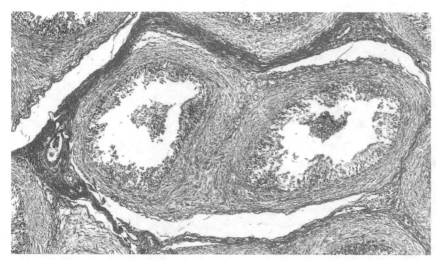

图 7-15 附睾尾
（HE 染色，100 倍）

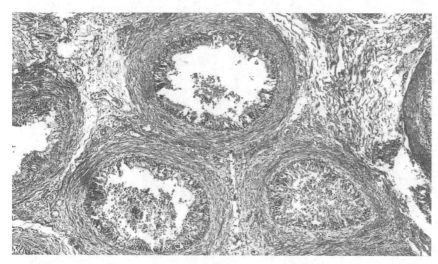

图 7-16 附睾尾
（HE 染色，100 倍）

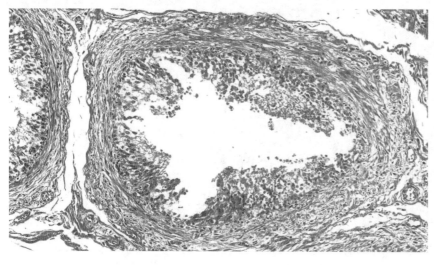

图 7-17 附睾尾
（HE 染色，100 倍）

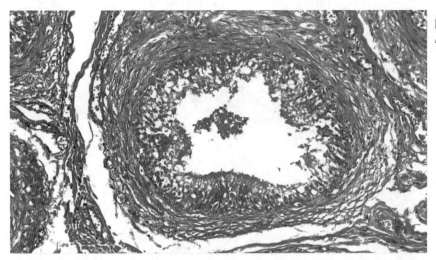

图 7-18　附睾尾附睾
管（HE 染色，200 倍）

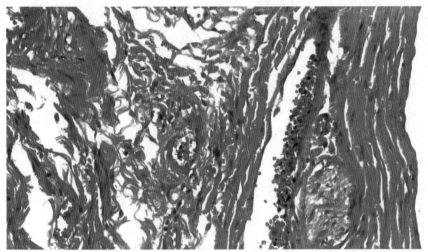

图 7-19　附睾尾被膜
（HE 染色，400 倍）

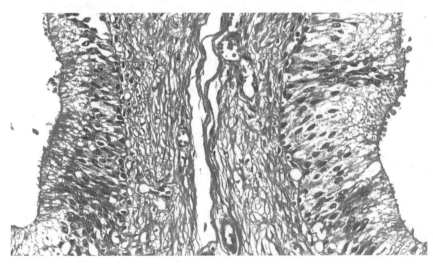

图 7-20　附睾尾附睾
管壁（HE 染色，400
倍）

第二节 精索与输精管

一、精索

精索（varicosity）是由睾丸动脉、静脉、输精管、淋巴管、神经、睾提肌及其被覆的筋膜等构成的圆索状结构，位于腹股沟管环与睾丸上端之间。

二、输精管

输精管（ductus deferens）是一对输精管与输尿管并行、弯曲的、管壁厚、管腔窄的肌性管道。前端连于附睾尾，后端开口于尿生殖道。输精管管壁包括黏膜、肌层和外膜3层。

1. 黏膜

黏膜上皮为假复层纤毛柱状上皮。

2. 肌层

肌层较厚、较硬，由内纵行、中环行和外纵行3层平滑肌构成。

3. 外膜

外膜为一层富含血管和神经的疏松结缔组织被膜。

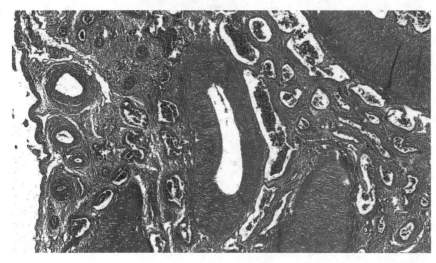

图 7-21　精索
（HE 染色，40 倍）

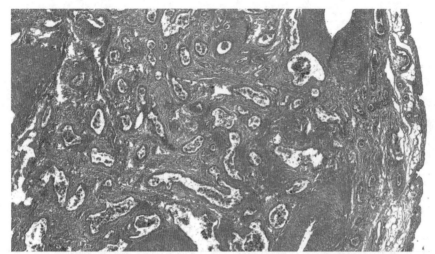

图 7-22　精索
（HE 染色, 40 倍）

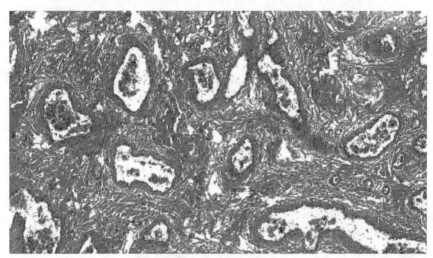

图 7-23　精索
（HE 染色, 100 倍）

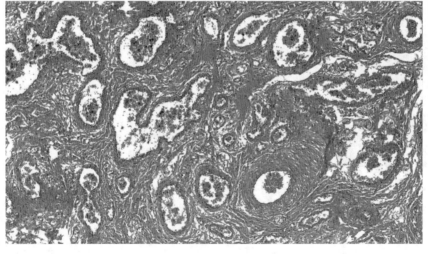

图 7-24　精索
（HE 染色, 100 倍）

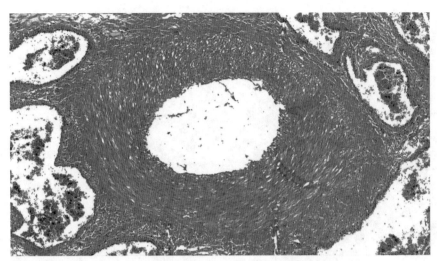

图 7-25　精索动脉
（HE 染色，400 倍）

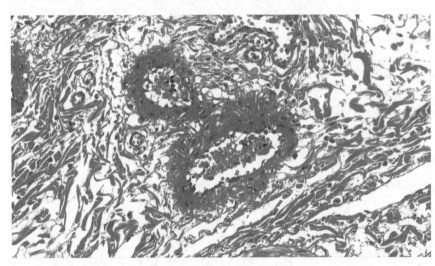

图 7-26　精索动脉
（HE 染色，400 倍）

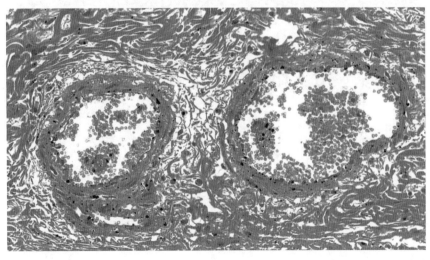

图 7-27　精索动脉
（HE 染色，400 倍）

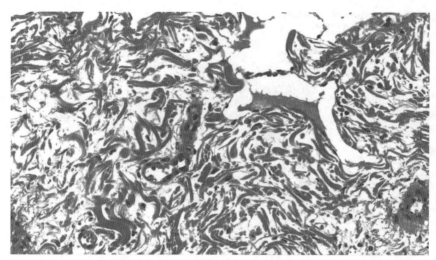

图 7-28　精索
（HE 染色，400 倍）

图 7-29　精索
（HE 染色，400 倍）

第三节　阴茎与包皮

阴茎为交配器官，外表由包皮包裹。

一、阴茎

呈长圆锥形，长而细，在阴囊前方形成"乙"状弯曲，龟头呈螺旋状扭转。阴茎体有阴茎海绵体和尿道海绵体，里面富含血管、神经和淋巴管。功能为排尿、排精和交配。

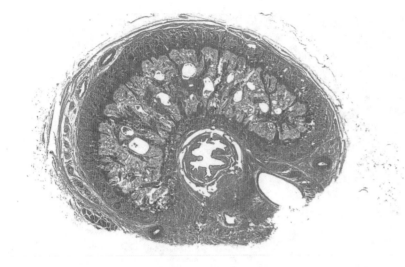

图 7-30 阴茎
（HE 染色，15 倍）

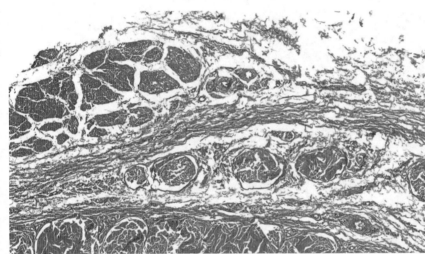

图 7-31 阴茎白膜
（HE 染色，100 倍）

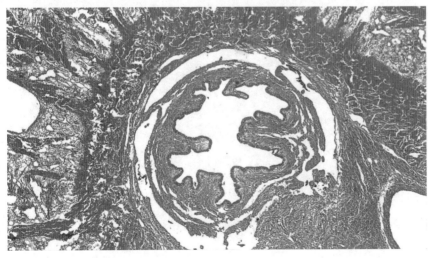

图 7-32 阴茎
（HE 染色，100 倍）

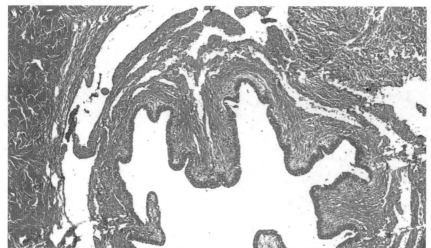

图 7-33 阴茎
（HE 染色，400 倍）

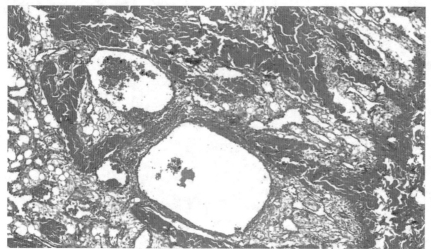

图 7-34 阴茎海绵体
（HE 染色，100 倍）

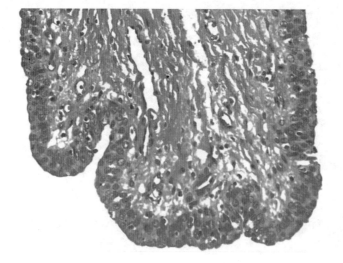

图 7-35 阴茎尿道黏
膜（HE 染色，400 倍）

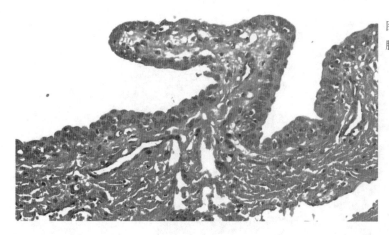

图 7-36 阴茎尿道黏膜(HE 染色,400 倍)

二、包皮

包皮位于阴茎头,由皮肤折转形成双层管状鞘,上皮为复层扁平上皮;上皮内的郎格汉斯细胞、浆细胞及肥大细胞等免疫细胞,捕捉和处理微生物抗原,分泌抗细菌和病毒的溶菌酶,分泌免疫球蛋白,参与构成免疫系统。功能为保护和湿润阴茎头。

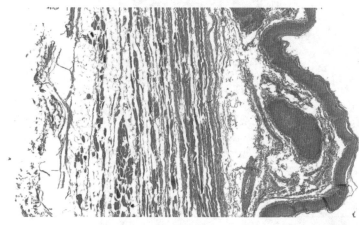

图 7-37 包皮
(HE 染色,50 倍)

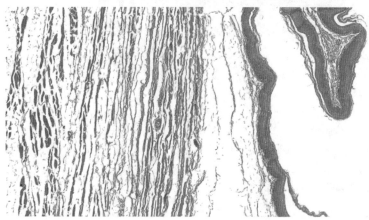

图 7-38 包皮
(HE 染色,50 倍)

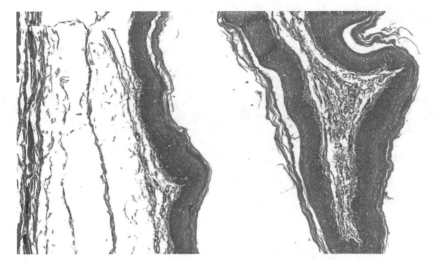

图 7-39　包皮
（HE 染色，100 倍）

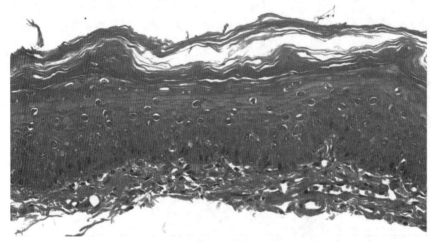

图 7-40　包皮
（HE 染色，400 倍）

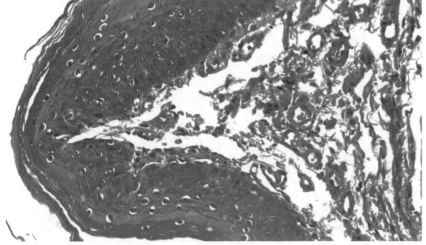

图 7-41　包皮
（HE 染色，400 倍）

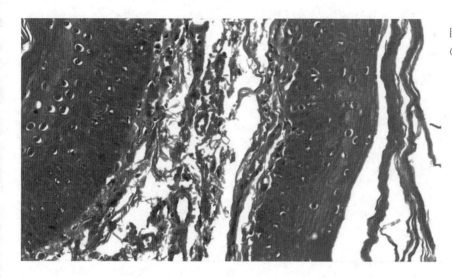

图 7-42 包皮
（HE 染色，400 倍）

第四节 副性腺

一、精囊腺

精囊腺又称精囊，为一对位于膀胱底与直肠之间的呈长椭圆形的囊状器官，分泌的弱碱性液体参与形成精液。

（一）组织结构

精囊腺由实质和间质构成；实质为主要由内分泌细胞和外层的基底细胞构成的复管状腺泡。间质为分布有胶原纤维、弹性纤维、肥大细胞、血管和平滑肌的结缔组织。

1. 内分泌细胞

内分泌细胞分布于腺泡上皮，呈立方形、柱形或扁平形，细胞核呈圆形。

2. 基底细胞

基底细胞位于腺泡上皮底部，呈矮锥状，增殖能力强，为干细胞，不断补充内分泌细胞。

（二）功能

精囊腺分泌含有果糖、氨基酸、纤维蛋白原、抗坏血酸的黄色黏稠液体，营养和稀释精子，促进精子活动。

二、前列腺

位于膀胱颈、不成对的实质性器官，主要由复管泡状腺或复管状腺构成。

腺泡上皮为单层立方、单层柱状或假复层柱状上皮,腺腔不规则;间质发达,富含弹性纤维和平滑肌。

前列腺受雄性激素调控,分泌含有蛋白分解酶、纤维蛋白分解酶、胰液凝乳蛋白酶的碱性前列腺液,参与构成精液;营养精子、激发精子活力、促进精液液化和受精。

三、尿道球腺

尿道球腺是一对球形腺体,位于会阴深横肌肉深处。实质主要由复管泡状腺或复管状腺构成,功能为分泌蛋白酶、唾液酸和氨基糖类等透明而黏稠的分泌物,此分泌物是精液的组成成分之一。

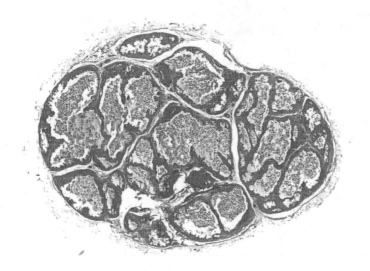

图 7-43 精囊腺
(HE 染色,20 倍)

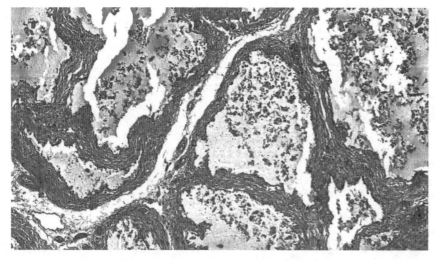

图 7-44 精囊腺
(HE 染色,100 倍)

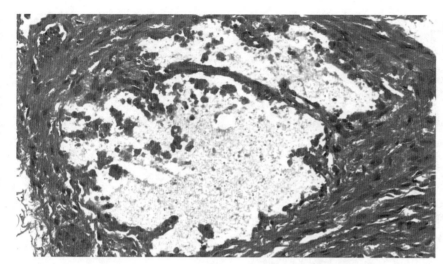

图 7-45 精囊腺腺泡
（HE 染色,400 倍）

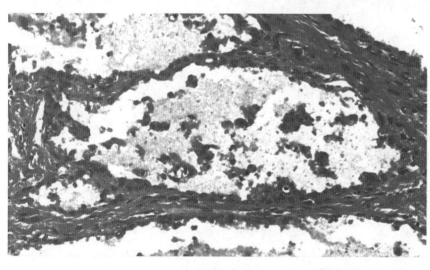

图 7-46 精囊腺腺泡
（HE 染色,400 倍）

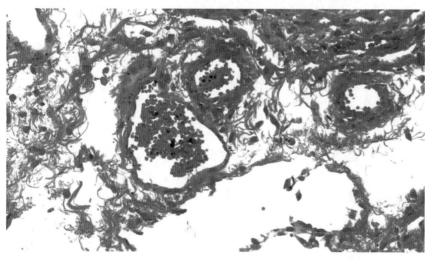

图 7-47 精囊腺血管
（HE 染色,400 倍）

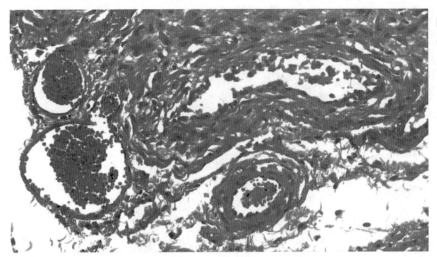

图 7-48　精囊腺血管
（HE 染色,400 倍）

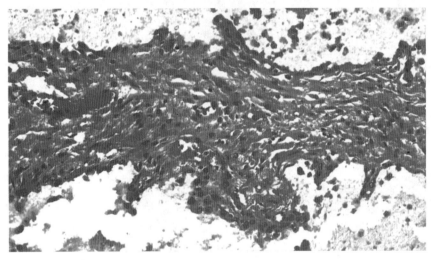

图 7-49　精囊腺上皮
（HE 染色,400 倍）

第八章　母猪生殖系统

母猪生殖器官由卵巢、输卵管、子宫、阴道及阴门等器官构成。卵巢和输卵管均有一对。

第一节　卵巢

一、组织结构

1. 被膜

卵巢(ovary)被膜包括浅表的单层表面上皮和位于其下致密结缔组织形成的白膜。

2. 实质

实质包括浅层的皮质和中央的髓质。

(1)皮质(cortex)　位于卵巢被膜下的外周,卵泡(follicle)包括原始卵泡、初级卵泡、次级卵泡、成熟卵泡和闭锁卵泡。

(2)髓质(medulla)　主要由含有血管、淋巴管、神经和纤维的疏松结缔组织构成。

二、卵泡

受垂体分泌的促卵泡素(FSH)和促黄体素(LH)调控,卵泡发育从胚胎期开始发育,其中一部分经历原始卵泡、初级卵泡、次级卵泡和成熟卵泡四个阶段发育成熟并排卵;大部分卵泡在整个生殖期,停止生长并退化形成闭锁卵泡。

1. 原始卵泡(primordial follicle)

数量最多,位于皮质最浅层,体积最小,内含一个初级卵母细胞(primary oocyte),周围分布有一层扁平的卵泡细胞。

2. 初级卵泡(primary follicle)

原始卵泡不断生长发育,体积之间增大形成初级卵泡。初级卵母细胞增大,卵泡细胞数量增加,形成一层或多层立方细胞,而且在卵母细胞与卵泡细胞之间出现透明带(zona pellucida)。

3. 次级卵泡(secondary follicle)

初级卵泡继续生长发育,体积之间增大形成次级卵泡。卵泡细胞增至6～12层。卵泡腔形成,腔内充满含营养成分、雌激素和多种生物活性物质的卵泡液。

初级卵母细胞、透明带、放射冠及部分卵泡细胞突入卵泡腔形成的丘陵状结构成为卵丘。与卵丘相对、卵泡腔周围的卵泡细胞形成卵泡壁(颗粒层),其中的卵泡细胞称为颗粒细胞。

4. 成熟卵泡(mature follicle)

次级卵泡体积急剧增大,卵泡液增至最多,卵泡壁变薄形成成熟卵泡。卵泡移向卵巢表面,为排卵作准备。初级卵母细胞在排卵前 36～48 小时,完成第一次减数分裂,排出第一极体,形成次级卵母细胞。

5. 闭锁卵泡

闭锁卵泡的初级卵母细胞自溶消失,卵泡细胞或颗粒细胞死亡后被巨噬细胞和中性粒细胞吞噬。透明带塌陷,存留一段时间后消失。膜细胞可形成间质腺,分泌雌激素。

6. 排卵(ovulation)

成熟卵泡到达卵巢表面并破裂,排出次级卵母细胞、透明带、放射冠及卵泡液的过程,称为排卵。排卵后次级卵母细胞存活 24 小时左右,若不受精则退化消失;若受精,则发生第二次减数分裂,排出第二极体,形成单倍体的卵细胞。

三、黄体

成熟卵泡排卵后残留的卵泡成分,包括卵泡颗粒层和卵泡膜向卵泡腔内塌陷,形成具有内分泌功能的细胞团,新鲜时呈黄色,称黄体(corpus luteum)。由颗粒黄体细胞和膜黄体细胞构成。

1. 颗粒黄体细胞

颗粒细胞分化形成颗粒黄体细胞,具有数量多、体积大、染色浅等特点,位于黄体中央,分泌孕激素。

2. 膜黄体细胞

位于黄体周边,数量少,体积小,胞质和核染色深。卵细胞若未受精,黄体逐渐退化,形成假黄体。若受精,黄体继续发育,形成真黄体;分泌大量孕激素、雌激素和松弛素,维持妊娠。

四、白体

黄体萎缩退化后形成致密结缔组织,成为白色的瘢痕样的白体。则黄体在排卵后两周开始。

五、卵巢功能

产生卵细胞,分泌雌激素和孕激素,维持雌性性征和妊娠。

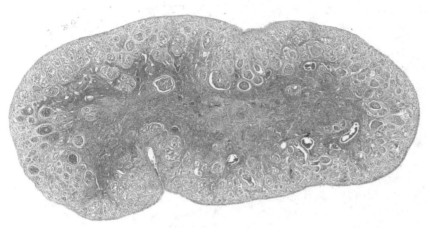

图 8-1 卵巢
（HE 染色，20 倍）

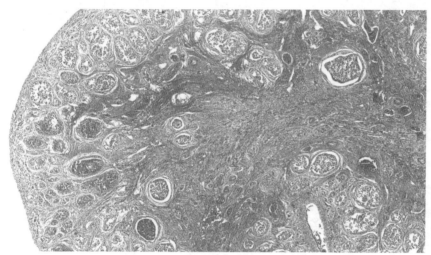

图 8-2 卵巢
（HE 染色，40 倍）

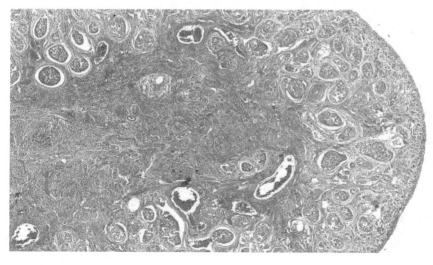

图 8-3 卵巢
（HE 染色，40 倍）

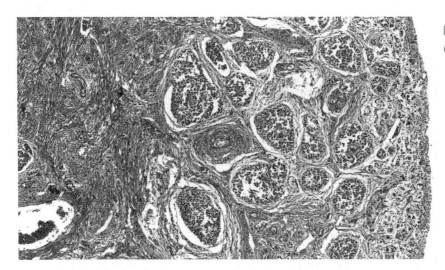

图 8-4　卵巢
（HE 染色,100 倍）

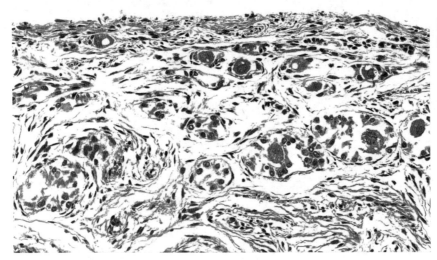

图 8-5　卵巢皮质卵
泡（HE 染色,400 倍）

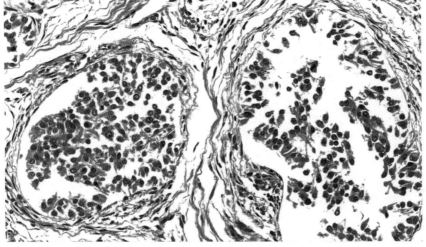

图 8-6　卵巢皮质闭
锁卵泡（HE 染色,400
倍）

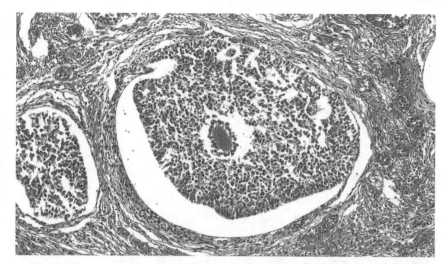

图 8-7　卵巢皮质次级卵泡（HE 染色,400倍）

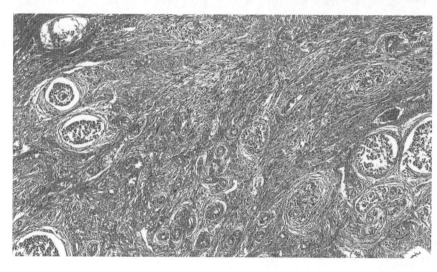

图 8-8　卵巢髓质（HE 染色,100 倍）

第二节　输卵管

猪输卵管较长,形似小肠,分漏斗部、壶腹部和峡部。管壁由内向外分为黏膜、肌层和外膜三层。

1.黏膜

形成皱襞,管腔不规则;上皮为由分泌细胞和纤毛细胞构成的单层柱状上皮,固有层为薄层结缔组织。黏膜受卵巢激素的调节。

2.肌层

输卵管肌层由内环外纵行平滑肌构成。

3.外膜

外膜为一层疏松结缔组织浆膜。

第三节 子宫

猪子宫呈梨形,子宫角较长,子宫壁较厚,由子宫阔韧带固定于髋结节前下方,分为子宫角、子宫体和子宫颈。

1. 子宫壁

子宫壁由内向外分为内膜(黏膜)、肌层和外膜。

(1)内膜(endometrium)。内膜主要由单层柱状上皮和固有层构成。固有层由结缔组织构成,富含子宫腺、基质细胞和血管。近腔面为浅表的功能层,深部为基底层。子宫动脉的分支在功能层动脉螺旋走行形成螺旋动脉;在基底层动脉形成短而直的基底动脉。

(2)肌层(myometrium)。肌层由成束或成片的平滑肌构成,结缔组织深入肌束间形成间隔。妊娠期子宫壁的平滑肌纤维增大,数量增多,使肌层明显增厚。

(3)外膜(perimetrium)。为薄层疏松结缔组织浆膜。

2. 子宫颈

(1)外膜。为薄层致密结缔组织形成的纤维膜。

(2)肌层。由含有较多弹性纤维的结缔组织和大量平滑肌构成,较厚。

(3)黏膜。由单层柱状上皮和固有层结缔组织构成。

①上皮。由分泌细胞、纤毛细胞和储备细胞组成黏膜的单层柱状上皮,纵行皱襞发出多个不规则的斜行皱襞,皱襞间裂隙为腺样隐窝,为子宫颈腺。分泌细胞数量较多,受雌激素调节,分泌清亮透明的碱性黏液,利于精子通过;受孕激素调节,分泌黏稠物质,发挥物理屏障作用,使宫颈与外界分开,不利于精子通过子宫颈。纤毛细胞数量较少,散在分布,游离面的纤毛通过向阴道方向摆动排出分泌物。储备细胞为干细胞,体积较小,位于上皮基部,不断增殖分化,参与上皮的更新和损伤的修复。

②固有层。固有层由结缔组织构成,含有子宫腺、基质细胞和血管。

图 8-9 子宫角
(HE 染色,20 倍)

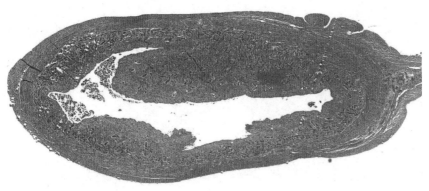

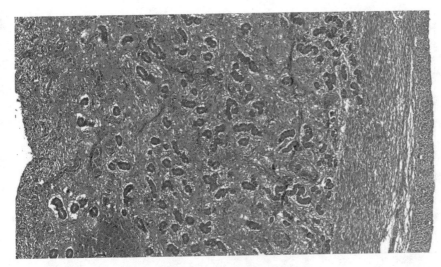

图 8-10　子宫角
（HE 染色，100 倍）

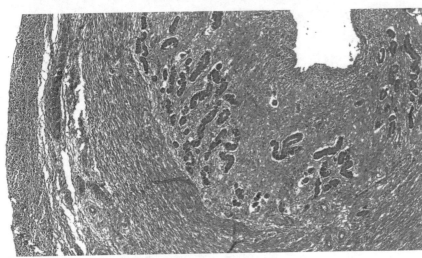

图 8-11　子宫角
（HE 染色，100 倍）

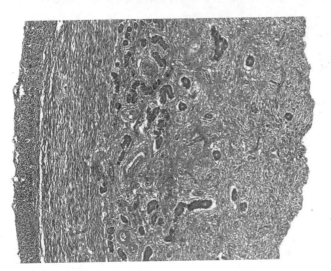

图 8-12　子宫角
（HE 染色，100 倍）

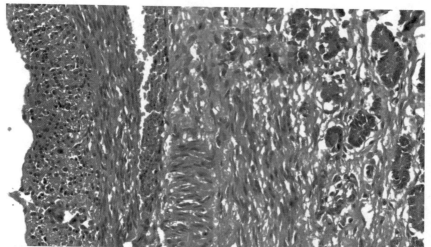

图 8-13　子宫角
（HE 染色,400 倍）

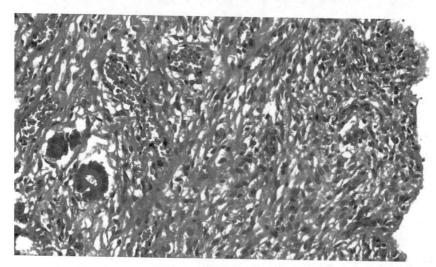

图 8-14　子宫角
（HE 染色,400 倍）

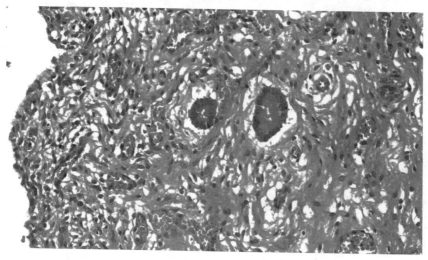

图 8-15　子宫角
（HE 染色,400 倍）

第四节　产道

一、阴道

为肌质、富有弹性的管状肌肉器官，由内至外分为黏膜、肌层和外膜三层。

1. 黏膜

黏膜上皮为复层扁平上皮，未角化，形成许多皱襞。固有层为富含毛细血管和弹性纤维的疏松结缔组织。

2. 肌层

为较薄的、由左右螺旋相互交织成格子状的平滑肌束构成的肌组织。

3. 外膜

外膜为富含弹性纤维的致密结缔组织被膜。

二、阴门

阴门是母猪外生殖器的外露部分，为位于阴道末端的皮肤裂隙。

图 8-16　尿生殖前庭黏膜（HE 染色，100倍）

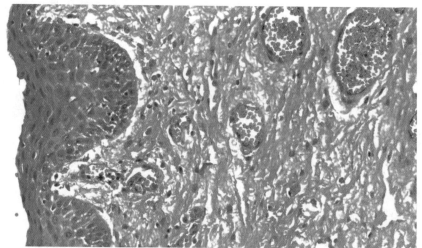

图 8-17 尿生殖前庭
黏膜（HE 染色，400
倍）

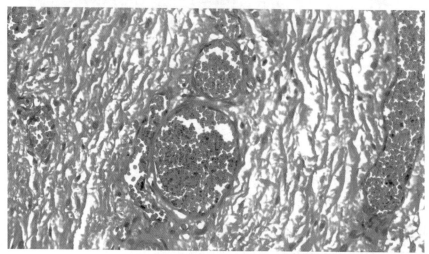

图 8-18 尿生殖前庭
黏膜（HE 染色，400
倍）

第九章　心血管系统

心血管系统由心脏、动脉、毛细血管和静脉构成。

第一节　心脏

心脏为位于胸腔纵隔内、呈倒立圆锥形的肌质性器官。由心肌构成，分为左心房、左心室、右心房、右心室四个腔。

一、组织结构

由内至外分为心内膜、心肌膜和心外膜。

1. 心内膜（endocardium）

包括内皮、内皮下层和外层三部分。

（1）内皮。由单层扁平上皮细胞构成，表面光滑，利于物质交换和血液流动。

（2）内皮下层。内皮内层为由少量平滑肌纤维、弹性纤维构成的薄层结缔组织。

（3）外层。又称心内膜下层，为含小血管和神经的疏松结缔组织。在心室的心内膜下层分布有心脏传导系统的分支。

2. 心肌膜（myocardium）

内纵行、中环行和外斜行三层心肌构成心脏壁的心肌膜。

位于心房的肌纤维短而细，部分心肌细胞特化成分泌心房钠尿肽的细胞，发挥排钠、利尿、舒张血管平滑肌、降低血压和调节循环血量的作用。心肌细胞之间分布有丰富的毛细血管。

3. 心外膜（epicardium）

为由含血管、神经和脂肪组织的结缔组织构成的浆膜，位于心包脏层。心外膜与心包壁层之间形成心包腔，腔内含有少许浆液，起着润滑作用，可减少摩擦，利于心脏搏动。

4. 心瓣膜（cardiac valve）

心瓣膜由心内膜包裹致密结缔组织向腔内突起形成，表面为单层扁平内皮，分布于左右房室口（atrioventricular orifice）和动脉口（ostia arteriosa）处。可阻止心房和心室收缩时血液逆流。左房室口的心瓣膜为二尖瓣，右房室口的为三尖瓣，右心房有一由大的静脉汇合所形成的静脉窦，收缩将静脉血送入心房。

二、功能

泵血进入主动脉和肺动脉形成体循环和肺循环。

体循环的血液由左心室依次进入各级动脉、毛细血管网、各级静脉后经前后腔静脉回到右心房，为组织细胞运送氧气和营养物质，并运输代谢产物。

肺循环的血液由右心室泵入肺动脉，在肺部的毛细血管网完成空气与二氧化碳的交换后经肺静脉回到左心房，将静脉血转化为动脉血。

第二节　心脏传导系统

心脏不受意识支配，是由心脏传导系统支配、自主跳动的器官。心脏传导系统是指心壁内由特殊心肌纤维组成的传导系统，包括窦房结（sinoatrial node）、房室结（atrioventricular node）、房室束（atrioventricular bundle）、前结间束（anterior and posterior internodal bundle）、左右房室束分支（left and right atrioventricular bundle branch）以及分布到心室乳头肌（papillary muscle）和心室壁（ventricular wall）的许多分支。

心脏传导系统功能是将心房传来的兴奋迅速传播至心室肌，使心房肌和心室肌发生节律收缩和舒张。

窦房结位于前腔静脉与右心房交界处的交界处前 1/3 的心外膜深面，传导系统其余的结构均分布在心内膜下层。构成心脏传导系统的特殊心肌细胞分别是起搏细胞、移行细胞和浦肯野纤维。起搏细胞参与组成窦房结和房室结，自发产生动作电位；移行细胞传导冲动；浦肯野纤维能快速传递冲动。房室束分支末端的浦肯野纤维与心室肌相连。

1. 起搏细胞（pacemaker cell）

细胞体积小，呈梭形或多边形，含有少量细胞器、肌原纤维和较多糖原。为心肌兴奋的起搏点，分布于窦房结和房室结中心。

2. 移行细胞（transitional cell）

比心肌纤维细而短，位于窦房结、房室结周边及房室束，细胞质内肌原纤维较多，传导冲动。

3. 蒲肯野纤维（Purkinje fiber）

蒲肯野纤维由左、右束支及其分支的终末分支构成，又称束细胞，比普通心肌细胞粗而短，形状不规则，肌原纤维含量较少，线粒体和糖原较多，缝隙连接发达；分布于心内膜下并深入心室肌而交织成细密的网状。与心室肌纤维相连，快速传递冲动至心室，使心室肌同步收缩。

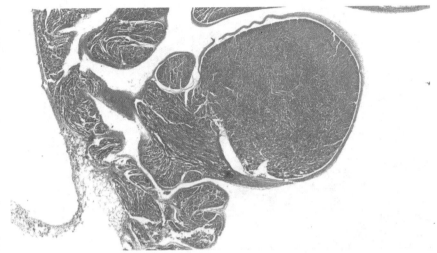

图 9-1　左心房
（HE，30 倍）

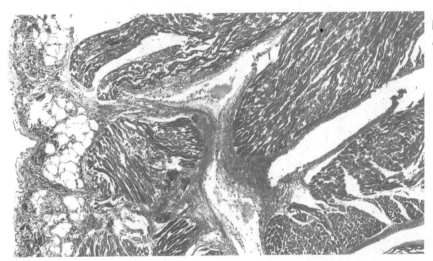

图 9-2　左心房
（HE，100 倍）

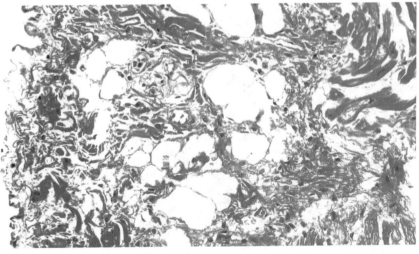

图 9-3　左心房
（HE，400 倍）

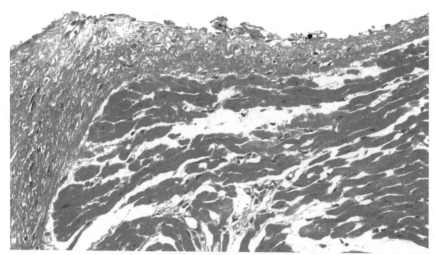

图 9-4　左心房
（HE，400 倍）

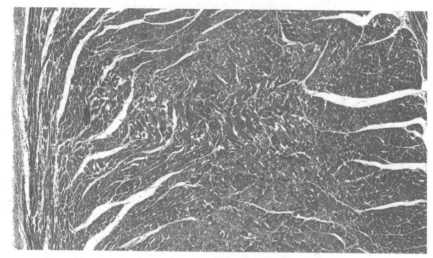

图 9-5　左心室
（HE，100 倍）

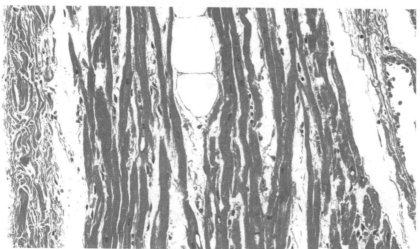

图 9-6　左心室
（HE，400 倍）

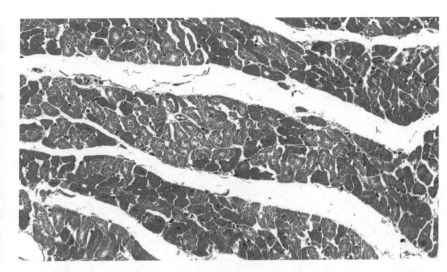

图 9-7 左心室
（HE,400 倍）

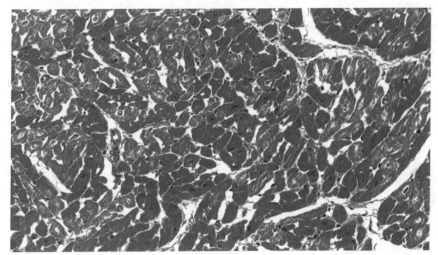

图 9-8 左心室
（HE,400 倍）

图 9-9 二尖瓣
（HE,100 倍）

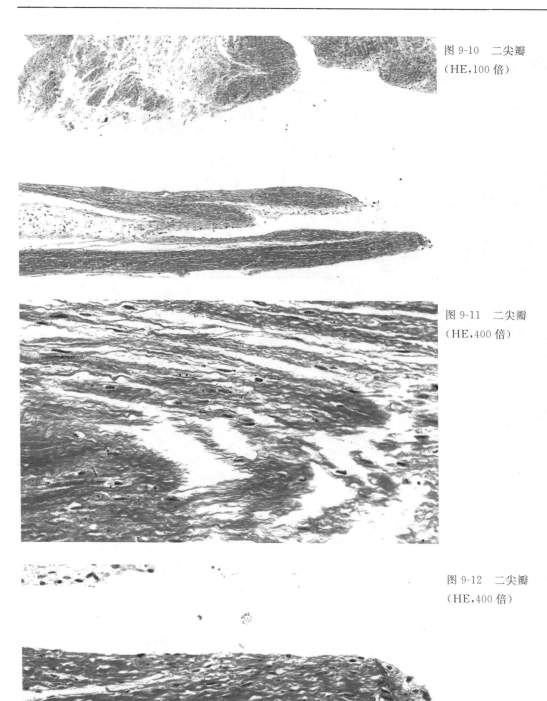

图 9-10　二尖瓣
（HE，100 倍）

图 9-11　二尖瓣
（HE，400 倍）

图 9-12　二尖瓣
（HE，400 倍）

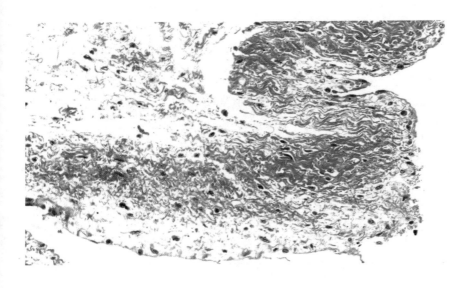

图 9-13　二尖瓣
（HE，400 倍）

第三节　血管

血管包括动脉、毛细血管和静脉。

一、动脉

动脉由心室发出，沿途不断发出分支，逐渐缩细，根据管径分为大动脉、中动脉、小动脉和微动脉。微动脉最终移行为毛细血管。

动脉结构特点为管壁较厚、平滑肌较发达、弹力纤维较多、弹性大，管腔断面呈近圆形，随心脏的舒缩、血压变化而产生搏动。

大动脉发生扩张时，心室向主动脉射血，大动脉管壁的弹性作用使心脏间段的射血转变为连续的血流。中小动脉通过改变管腔的大小调节局部血流量、血液阻力血压。

（一）大动脉

大动脉（large artery）的管壁中有多层弹性膜和大量弹性纤维，平滑肌则较少，故又称弹性动脉（elastic artery），包括主动脉、肺动脉、颈总动脉及髂总动脉等。

1. 内膜

内膜（tunica intima）由内皮和内皮下层构成。

（1）内皮。内皮细胞为单层扁平上皮细胞，胞质含长杆状的特征性 W-P（Weibel-Palade）小体，W-P 小体与胶原纤维和血小板结合，参与凝血与止血。

（2）内皮下层。为含少量平滑肌纤维的薄层结缔组织，由血管腔内血液渗透供给营养。

2. 中膜

中膜(tunica media)由大量平滑肌细胞构成较厚的肌层中膜,弹性膜和弹性纤维发达。

3. 外膜

外膜(tunica adventitia)较薄,由主要成分为胶原纤维、营养血管、淋巴管和神经的结缔组织构成,分布有少量弹性纤维和平滑肌。

(二)中动脉

中动脉(medium-sized artery)为较小的肌质动脉。

1. 内膜

内弹性膜发达。

2. 中膜

由平滑肌纤维组成。

3. 外膜

分布有营养血管、神经纤维和外弹性膜。

(三)小动脉

小动脉(small artery)为管径在1毫米以下的肌性动脉,内弹性膜明显,平滑肌纤维较少,神经纤维发达。

(四)微动脉

微动脉(arteriole)管径在0.3毫米以下,无明显内弹性膜,平滑肌纤维较少,调节血管舒缩、血压和局部血液循环。

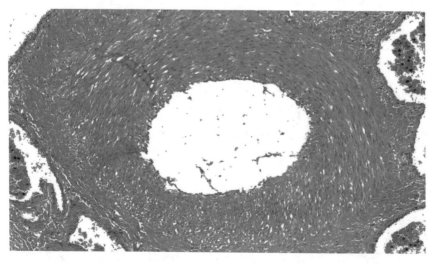

图 9-14 精索动脉
(HE,12 倍)

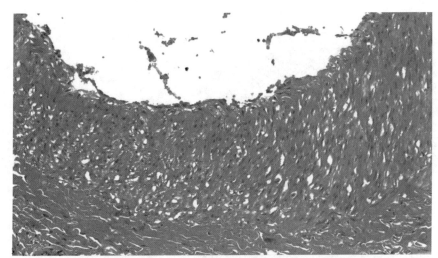

图 9-15　精索动脉
（HE,250 倍）

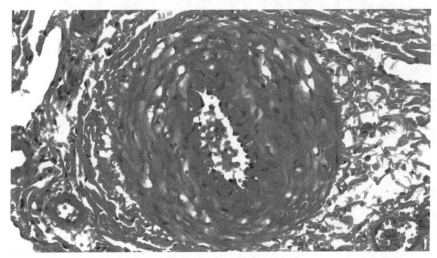

图 9-16　精索动脉
（HE,400 倍）

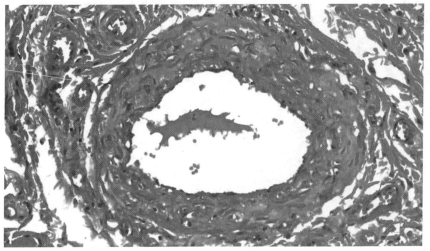

图 9-17　精索动脉
（HE,400 倍）

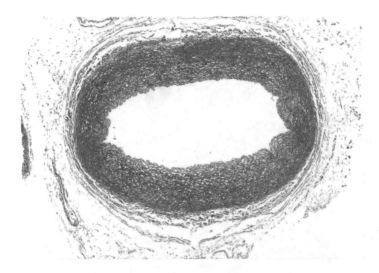

图 9-18　脾动脉
（HE，100 倍）

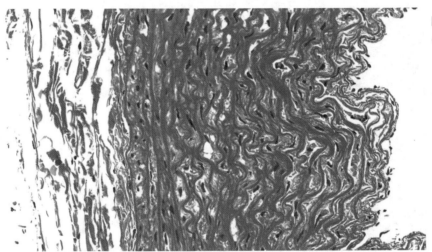

图 9-19　脾动脉
（HE，400 倍）

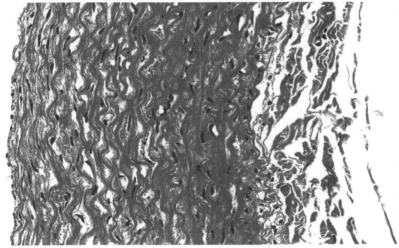

图 9-20　脾动脉
（HE，400 倍）

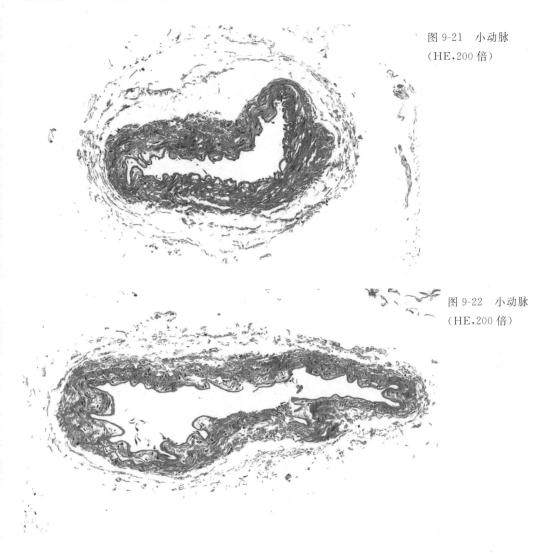

图 9-21 小动脉
（HE,200 倍）

图 9-22 小动脉
（HE,200 倍）

二、毛细血管

为管径最细、管壁最薄、分布最广的血管,管壁由单层扁平内皮细胞和基膜构成,直径一般为 6～8 微米。在内皮细胞和基膜之间分布有周细胞（pericyte）,含肌动蛋白丝和肌球蛋白,具有收缩功能;细胞突起紧贴内皮,可增殖、分化为内皮细胞和成纤维细胞,参与损伤组织修复与再生。

毛细血管根据结构和功能分为连续毛细血管（continuous capillary）、有孔毛细血管（fenestrated capillary）和窦状毛细血管（sinusoidal capillary）三类。

1. 连续毛细血管

（1）结构。连续毛细血管内皮细胞相互连续,基膜完整,没有小孔,紧密连接封闭细胞间隙,胞质内有大量吞饮小泡,通过吞饮小泡在血液和组织液之间进行物质交换。

（2）分布。分布于肌组织、结缔组织、中枢神经组织、胸腺及肺等结构中。

2. 有孔毛细血管

(1)结构。有孔毛细血管内皮细胞有直径 60～80 纳米的内皮窗孔贯穿细胞，不含核的部分很薄，窗孔有 4～6 纳米厚的隔膜封闭，通过窗孔进行物质交换。

(2)分布。有孔毛细血管主要分布于胃肠黏膜、一些内分泌腺及肾脏毛细血管球等。

3. 窦状毛细血管

(1)结构。窦状毛细血管又称血窦(sinusoid)，管腔较大且不规则，内皮细胞呈杆状，有窗孔，间隙较大，基板不连续或不存在，因此，又称不连续毛细血管(discontinuous capillary)，血细胞或大分子物质可通过细胞间隙出入血液。

(2)分布。窦状毛细血管分布于肝、脾、骨髓及一些内分泌腺的结构疏松的器官，不同器官内的血窦结构有较大差别。

三、静脉

静脉起于局部组织的毛细血管，收集血液流回心房。根据管径分为微静脉、小静脉、中静脉和大静脉。体循环静脉内的血液因含有大量二氧化碳呈暗红色。肺循环静脉内血液因含有大量氧气呈鲜红色。

(一)微静脉

微静脉(venule)由毛细血管汇聚形成，管径达 50～200 微米，较毛细血管略粗，管腔不规则，内皮由单层扁平上皮细胞构成，内皮外分布有少量或无平滑肌分布。

(二)小静脉

小静脉(small vein)由微静脉汇聚形成，管径达 0.2～2 毫米，内皮外平滑肌逐渐形成完整的一层；较大的小静脉内皮外平滑肌逐渐形成多层，外膜逐渐增厚。

(三)中静脉

中静脉(medium-sized vein)由小静脉汇聚形成，管径达 2～9 毫米，内膜包括的内皮和薄层结缔组织构成的内皮下层，内弹性膜不发达；稀疏的环行平滑肌纤维构成较薄的中膜；疏松结缔组织构成较厚的外膜。

(四)大静脉

大静脉(large vein)内膜由单层扁平上皮细胞构成，较薄；中膜由几层稀疏的环行平滑肌构成；外膜由分布有较多纵行平滑肌束的结缔组织构成，较厚。有些静脉的内膜与含弹性纤维的结缔组织一起凸入管腔，形成静脉瓣(venous valve)，阻止血液逆流。

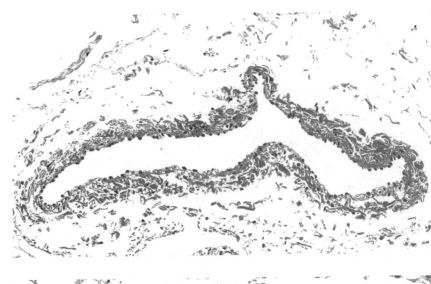

图 9-23　小静脉
（HE,280 倍）

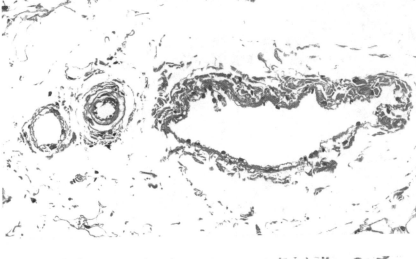

图 9-24　小静脉
（HE,400 倍）

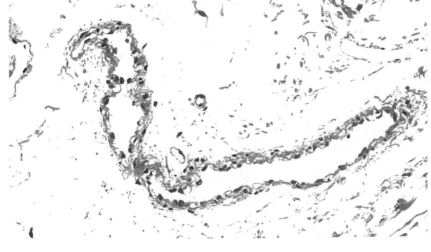

图 9-25　小静脉
（HE,400 倍）

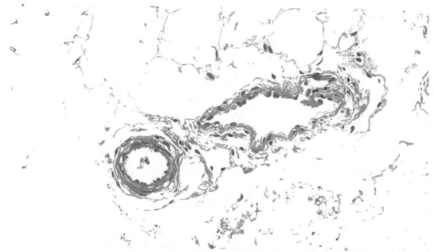

图 9-26 小动脉与小静脉（HE，400 倍）

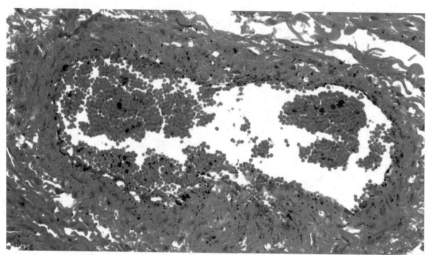

图 9-27 卵巢髓质静脉（HE，400 倍）

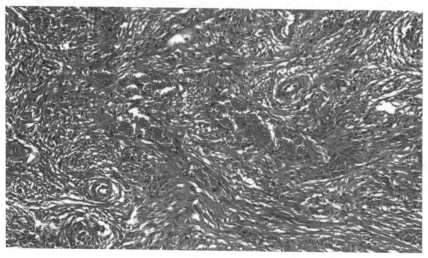

图 9-28 卵巢髓质静脉（HE，200 倍）

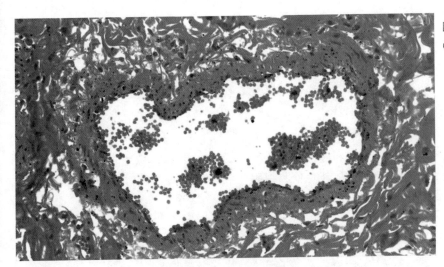

图 9-29　精索静脉
（HE，400 倍）

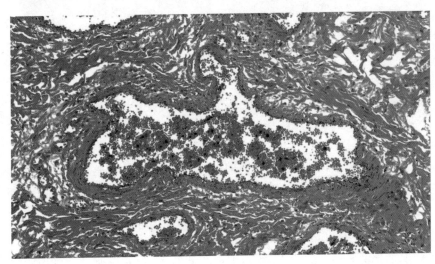

图 9-30　精索静脉
（HE，400 倍）

第十章 免疫系统

免疫系统由免疫器官、免疫细胞和淋巴组织及免疫活性物质组成,执行分为非特异性免疫和特异性免疫,其中特异性免疫包括体液免疫和细胞免疫。免疫器官根据发生的时间和功能不同分为中枢免疫器官和外周免疫器官。

第一节 免疫系统概述

一、免疫系统的组成

1. 免疫器官(immune organ)

中枢免疫器官主要包括胸腺与骨髓;外周免疫器官主要包括脾、淋巴结、扁桃体及与黏膜有关的淋巴组织和皮下组织等。

2. 免疫细胞(immunocyte)

免疫细胞是指参与免疫应答或与免疫应答相关的细胞。包括淋巴细胞、浆细胞、白细胞、肥大细胞、红细胞、血小板及抗原呈递细胞等;抗原呈递细胞包括交错突细胞、微皱褶细胞及郎格汉斯细胞等。

3. 淋巴组织(lymphatic tissue)

淋巴组织又称免疫组织(immune tissue),由网状组织、淋巴细胞、巨噬细胞及浆细胞等构成,包括弥散淋巴组织、淋巴索和淋巴小结。

二、中枢免疫器官特点

又称一级免疫器官,为免疫细胞发生、发育、分化及成熟提供稳定的内环境。

(1)发生时间较早,有的中枢免疫器官在性成熟后逐渐退化。

(2)由等网状组织或上皮细胞形成支架结构,如骨髓、胸腺和腔上囊。

(3)淋巴细胞由骨髓淋巴干细胞增殖分化形成,受微环境的调控。

(4)功能为分泌胸腺素。

三、外周免疫器官特点

又称"外周淋巴器官"、"二级淋巴器官"。

(1)发生时间较晚,持续存在。

（2）同样以由结缔组织形成的网状组织作为器官内部支架。

（3）淋巴细胞由初级淋巴器官的淋巴干细胞发育而来，受抗原刺激后增殖、分化。

（4）功能为淋巴细胞增殖、分化及发生免疫应答提供场所。

四、免疫系统的功能

1.免疫防御

识别和清除进入机体的抗原（病原微生物、异体细胞和异体分子），保护机体不受损害。

2.免疫监视

及时识别和清除染色体畸变或基因突变的细胞、体内衰老死亡的细胞和病毒感染细胞，防止癌瘤的发生，维持内环境的稳定。

T 细胞和 B 细胞表面有特异性的抗原受体，体内所有细胞表面都有主要组织相容性复合分子（major histocompatibility complex molecular，MHC 分子），为自身细胞的标志。

如果免疫功能失调，使机体的抗病能力降低，从而引起各种感染性疾病、肿瘤或自身免疫疾病。

第二节　胸腺

分布于胸腔内心脏前方，形似脂肪。胸腺在性成熟后体积逐渐减小，为 T 淋巴细胞分化、发育和成熟提供稳定的内环境。

一、组织结构

被膜含有较多的胶原纤维和少量弹性纤维，并伸入腺体内部形成结缔组织间隔，将实质分隔成许多腺小叶，腺小叶由浅层的皮质和深层的髓质构成。

1.被膜和间质（mesenchyma）

被膜位于胸腺表面，间质位于小叶间隔，由结缔组织构成。

2.胸腺小叶（thymic lobule）

周边浅层为皮质，中央深部为髓质，相邻小叶的髓质相互连接。

（1）皮质（cortex）。位于胸腺浅层，含有淋巴细胞、上皮性网状细胞和少量毛细血管，染色较深。间隙主要由大量胸腺细胞和少量巨噬细胞构成。

①胸腺上皮细胞（thymic epithelial cell）。突起发达，呈星形，相邻细胞通过桥粒连接。

分布于被膜下间隙和小叶间隔旁，分泌胸腺素和胸腺生成素，诱导胸腺细胞发育与分化。

②胸腺细胞（thymocyte）。为 T 淋巴细胞的前体，占胸腺皮质细胞总量的 $85\%\sim90\%$，密集分布于皮质内。

外周的胸腺细胞幼稚、体积较大，靠近髓质的胸腺细胞成熟，体积较小。淋巴干细胞进入胸腺后，由浅层向深层移动，大部分凋亡，少数发育成熟，进入髓质或经皮质与髓质交界处的毛细血管后静脉迁至周围淋巴器官或淋巴组织中。

（2）髓质。位于胸腺深层，稀疏地分布有少量淋巴细胞，染色较浅。髓质内还分布有胸腺上皮细胞、交错突细胞、巨噬细胞及肌样细胞等。上皮性网状细胞的细胞核呈球形、卵圆形或长椭圆形,轮廓清晰,核染色较浅。

①髓质上皮细胞。细胞体积较大,呈球形或多边形,分泌胸腺素,部分胸腺上皮细胞参与形成胸腺小体。

②胸腺小体(thymic corpuscle)上皮细胞。又称 Hassall 氏小体,由胸腺上皮细胞呈同心圆排列形成。

(3)血-胸腺屏障(blood-thymus barrier)。由连续毛细血管内皮、基膜、血管周隙结缔组织、基膜和连续的胸腺上皮构成。连续毛细血管内皮内皮细胞间的紧密连接封闭内皮;结缔组织内含有巨噬细胞。

二、功能

阻挡抗原物质进入胸腺皮质,产生 T 淋巴细胞,分泌胸腺激素。T 淋巴细胞进入脾脏、盲肠扁桃体及其他外周器官和淋巴组织中,定居、增殖和分化,参与细胞免疫应答;维持内环境稳定,为胸腺细胞的正常发育提供场所。

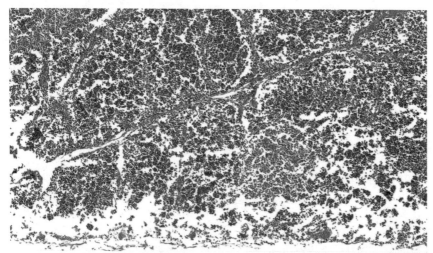

图 10-1　胸腺
(HE,100 倍)

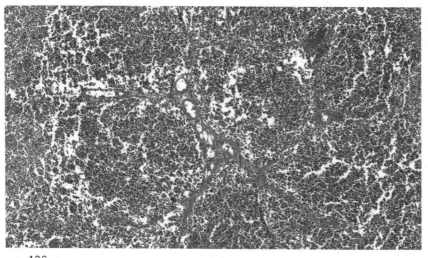

图 10-2　胸腺
(HE,100 倍)

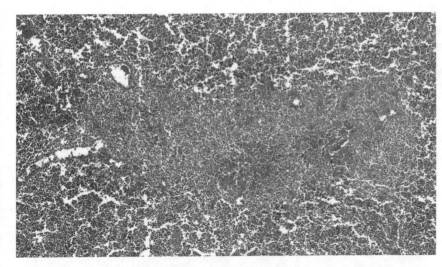

图 10-3　胸腺
（HE,100 倍）

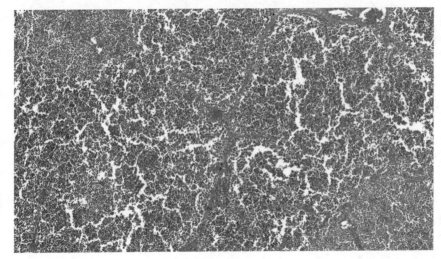

图 10-4　胸腺
（HE,100 倍）

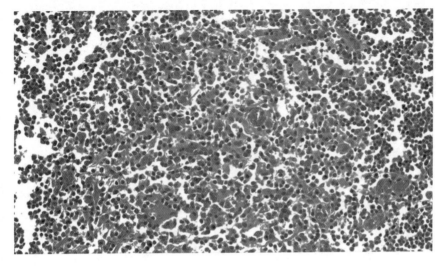

图 10-5　胸腺
（HE,400 倍）

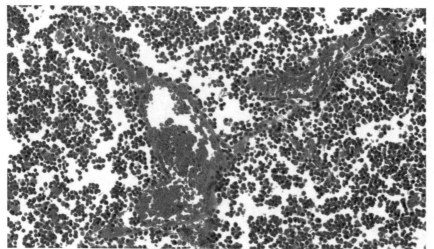

图 10-6　胸腺
（HE,400 倍）

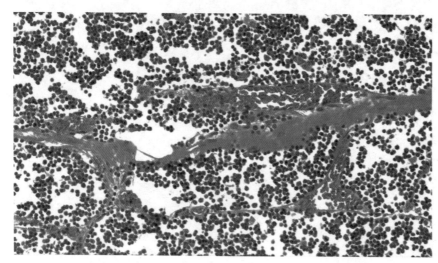

图 10-7　胸腺
（HE,400 倍）

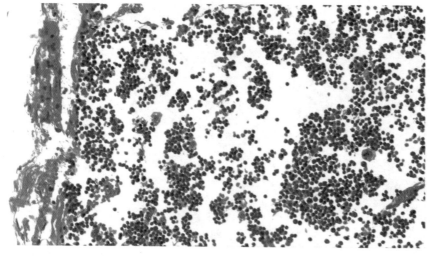

图 10-8　胸腺
（HE,400 倍）

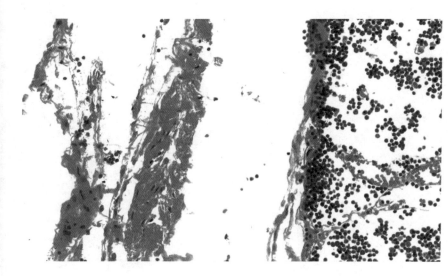

图 10-9　胸腺被膜
（HE,400 倍）

第三节　脾

脾脏为机体最大的免疫器官,呈紫红色,含有大量的淋巴细胞和巨噬细胞,是机体免疫的核心。脾脏呈不规则扁平形,位于腺胃和肌胃交界处的右背侧。

一、组织结构

1.被膜与间质(mesenchyma)

表面被覆较厚的、由结缔组织构成的被膜,被膜伸入实质内后分支形成小梁(trabecula),小梁互相连接构成脾的粗大支架,小梁之间填充有网状组织,小梁内分布有伴行的小梁动脉和静脉。被膜和小梁内分布有平滑肌纤维。

2.实质(parenchyma)

实质由白髓、边缘区和红髓构成,边缘区结构疏松,位于白髓与红髓之间。

(1)白髓(white pulp)。主要由脾小结和位于其附近的动脉周围淋巴鞘构成。

①动脉周围淋巴鞘(splenic follicle)。由中央动脉和位于其周围的弥散淋巴组织共同构成,含有丰富的 T 淋巴细胞、少量巨噬细胞和交错突细胞。

②脾小结(splenic follicle)。为脾内的淋巴小结,主要由 B 淋巴细胞构成,发育良好的脾小结中心部位有生发中心,与淋巴结的淋巴小结不同,脾小结内部或边缘有中央动脉分支贯穿。

(2)红髓(red pulp)。分布于被膜下、小梁周围、白髓和边缘区的外侧,与背面和小梁之间有被膜下窦和小梁周窦。

①脾索(splenic cord)。由密集的 T 细胞、B 细胞、浆细胞、巨噬细胞和其他血细胞构成,

结构较致密。

②脾血窦(splenic sinusoid)。为由长杆状内皮细胞围成的形态不规则的血管状结构,相连成网;内皮细胞间隙大,基膜不完整;脾血窦周围分布有大量巨噬细胞;脾索与脾血窦内的血细胞穿越内皮间隙。

(3)边缘区(marginal zone)。位于白髓与红髓交界处,分布有大量的B淋巴细胞,还含有T淋巴细胞、巨噬细胞、浆细胞和其他各种血细胞。与白髓交界处有中央动脉分支而来的毛细血管末端膨大形成的边缘窦,血液和淋巴细胞经此处进入脾内的重要通道。脾内免疫细胞主要在此处捕获、识别、处理抗原和发生免疫应答。

二、功能

1.滤血

脾内巨噬细胞清除衰老的血细胞,发挥滤血作用。

2.免疫应答

对侵入血内的细菌、病毒、寄生虫等抗原产生免疫应答。

3.造血

胚胎期为主要造血器官;成年后保留造血潜能;在严重缺血或某些病理状态下,受到刺激,恢复造血功能。

4.储血

脾窦和脾索内可以储存一定量的血细胞,在某些紧急大失血情况下,脾会收缩将血细胞释放到循环血液之中。

图 10-10 脾脏
(HE,100 倍)

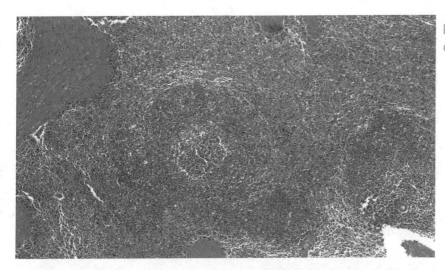

图 10-11　脾脏
（HE,100 倍）

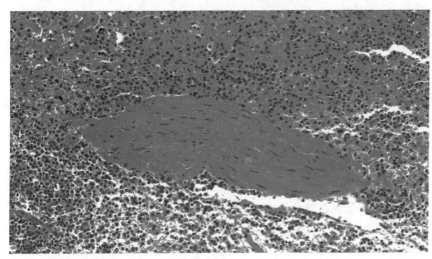

图 10-12　脾脏
（HE,400 倍）

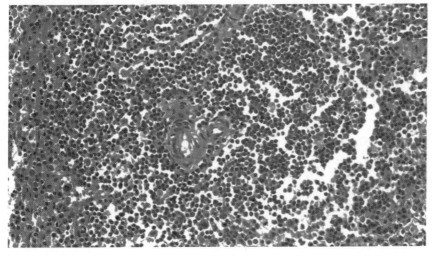

图 10-13　脾脏
（HE,400 倍）

第四节　淋巴结

为周围淋巴器官,由淋巴细胞集合而成,呈豆状、片状,分布于淋巴管通路,是产生免疫应答的重要器官之一。被膜含输入淋巴管,由较致密的结缔组织构成。门部含输出淋巴管。被膜伸入实质形成小梁,构成粗支架。实质为皮质(浅层皮质和深层皮质)和髓质。

一、组织结构

1. 被膜与间质(mesenchyma)

表面被覆由结缔组织构成的被膜,被膜伸入实质内后分支形成小梁(trabecula)。

2. 皮质

皮质区包括浅层皮质和深层皮质。

(1)浅层皮质。为 B 细胞区,富含淋巴小结和小结间弥散淋巴组织。B 淋巴细胞在此薄层淋巴组织中发育,成熟后进入深部的副皮质区。

(2)深层皮质。为 T 细胞区,为分布于皮质深层、近髓质的弥散淋巴组织,又称副皮质区和胸腺依赖区;此处分布有许多毛细血管后微静脉,血液内淋巴细胞经此处进入淋巴结。

(3)皮质淋巴窦。被膜和小梁与实质之间分别形成被膜下窦和小梁周窦,合称皮质淋巴窦。连续性单层扁平内皮细胞与薄层基质、少量网状纤维和一层扁平网状细胞共同形成窦壁;窦内分布有许多巨噬细胞和淋巴细胞。

3. 髓质

髓质位于淋巴结中央,包括髓索和髓窦两部分。

(1)髓索(medullary cord)。由 B 淋巴细胞、T 淋巴细胞、浆细胞(分泌抗体)、肥大细胞及巨噬细胞等构成条索状淋巴组织。血液内淋巴细胞经髓索中央的毛细血管后微静脉进入髓索。

(2)髓窦(medullary sinus)。为位于髓索之间的腔宽大的窦性血管,与皮质淋巴窦相通,分布有大量巨噬细胞,滤血功能强。

4. 淋巴细胞再循环(recirculation of lymphocyte)

外周免疫器官的淋巴细胞,依次经输出淋巴管经淋巴干、胸导管或右淋巴导管进入血液循环,到达外周免疫器官后,经微静脉重新返回全身淋巴器官和组织的反复循环过程。

5. 淋巴结内的淋巴通路

输入淋巴管经被膜下窦和小梁周窦到达皮质淋巴组织,从髓窦汇集导输出淋巴管。

二、功能

1. 滤过淋巴

巨噬细胞清除淋巴中的抗原物质(细菌、病毒及毒素等)。

2. 免疫应答

B淋巴细胞发挥体液免疫应答作用。T淋巴细胞发挥细胞免疫应答作用。

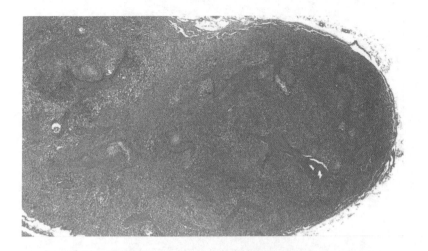

图 10-14　下颌淋巴结（HE,40 倍）

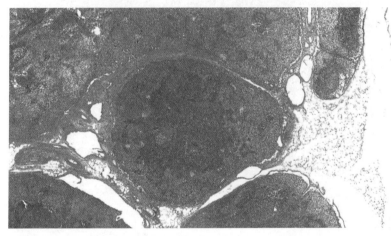

图 10-15　下颌淋巴结（HE,40 倍）

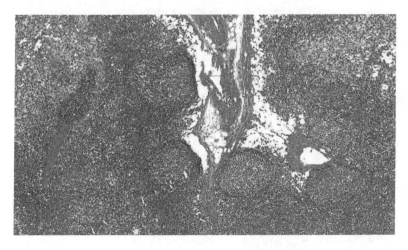

图 10-16　下颌淋巴结（HE,100 倍）

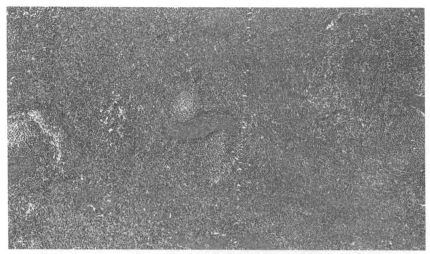

图 10-17 下颌淋巴结(HE,100 倍)

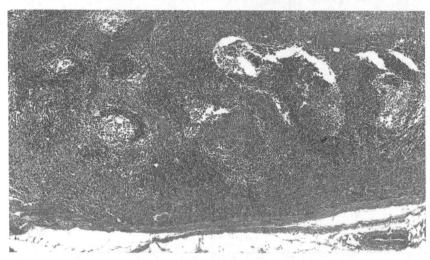

图 10-18 下颌淋巴结(HE,100 倍)

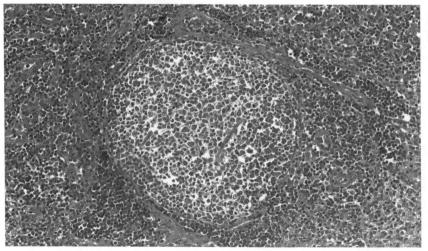

图 10-19 下颌淋巴结(HE,250 倍)

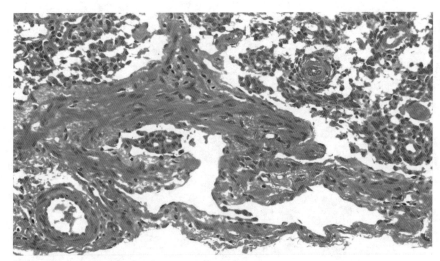

图 10-20 下颌淋巴
结（HE,400 倍）

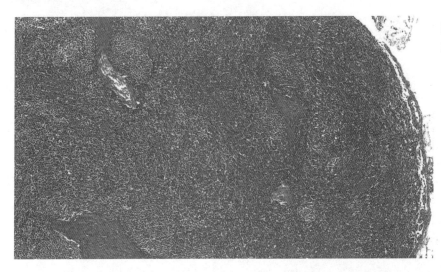

图 10-21 腹股沟淋
巴结（HE,100 倍）

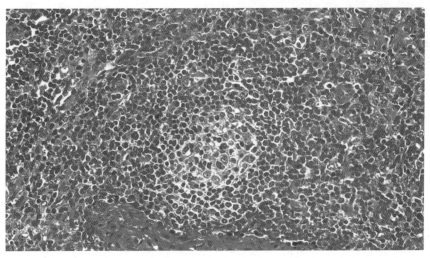

图 10-22 腹股沟淋
巴结（HE,400 倍）

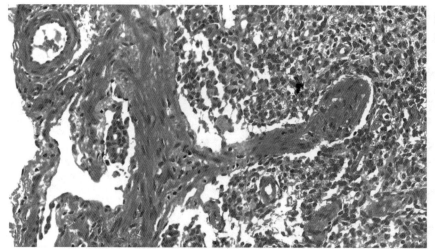

图 10-23　腹股沟淋巴结(HE,400 倍)

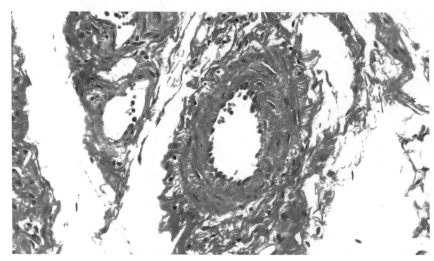

图 10-24　腹股沟淋巴结血管（HE,400 倍）

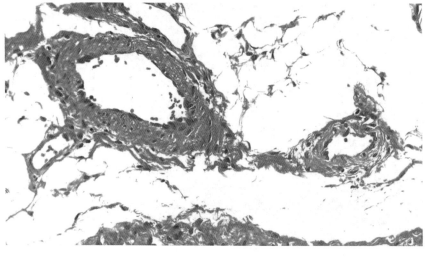

图 10-25　腹股沟淋巴结(HE,400 倍)

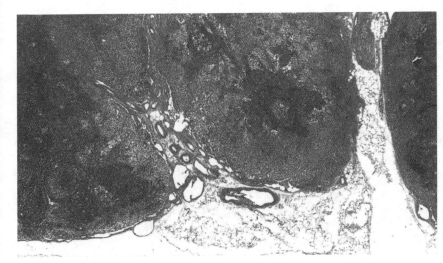

图 10-26 腘淋巴结
(HE,40 倍)

图 10-27 腘淋巴结
(HE,100 倍)

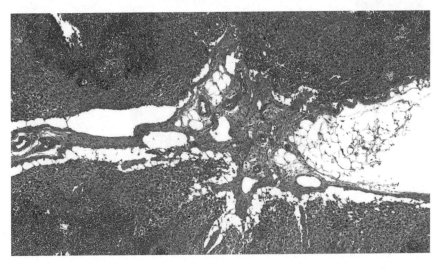

图 10-28 腘淋巴结
(HE,100 倍)

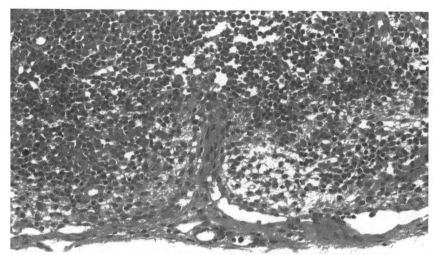

图 10-29　腘淋巴结
（HE,100 倍）

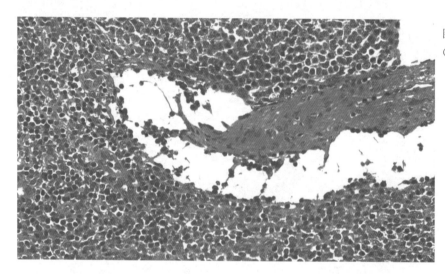

图 10-30　腘淋巴结
（HE,100 倍）

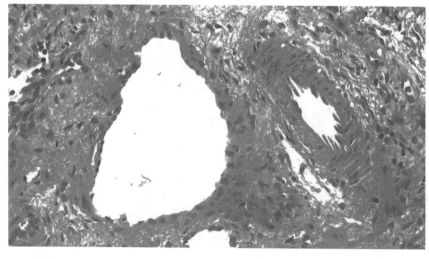

图 10-31　腘淋巴结
血管（HE,100 倍）

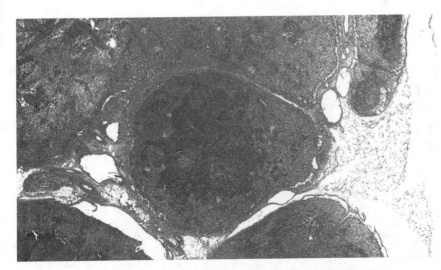

图 10-32　肠系膜淋巴结（HE,40 倍）

图 10-33　肠系膜淋巴结（HE,100 倍）

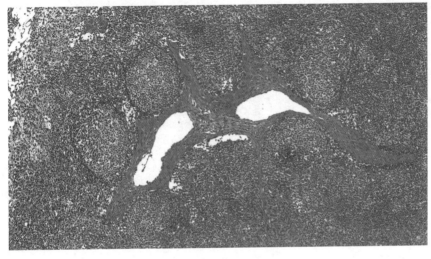

图 10-34　肠系膜淋巴结（HE,100 倍）

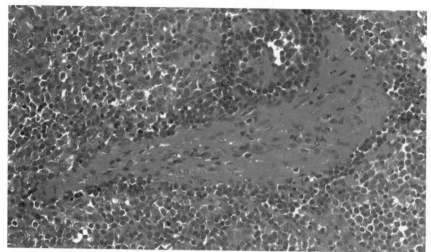

图 10-35　肠系膜淋巴结小梁（HE，400倍）

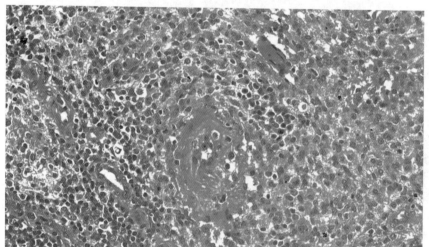

图 10-36　肠系膜淋巴结（HE，400倍）

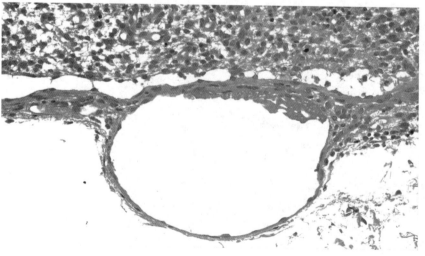

图 10-37　肠系膜淋巴结淋巴管（HE，400倍）

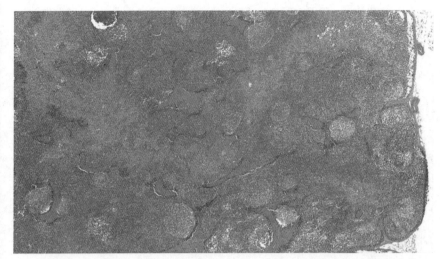

图 10-38　肠系膜淋
巴结(HE,40 倍)

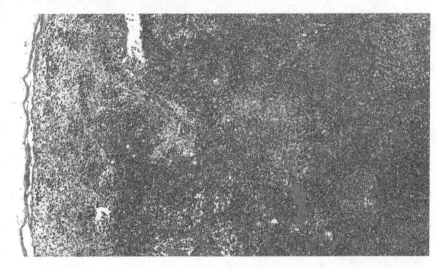

图 10-39　肠系膜淋
巴结(HE,100 倍)

图 10-40　肠系膜淋
巴结(HE,100 倍)

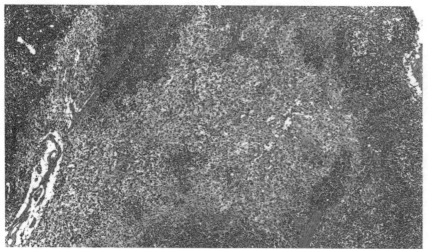

图 10-41　肠系膜淋巴结(HE,100 倍)

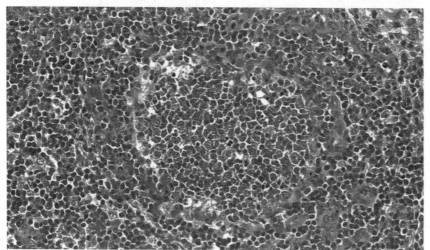

图 10-42　肠系膜淋巴结(HE,100 倍)

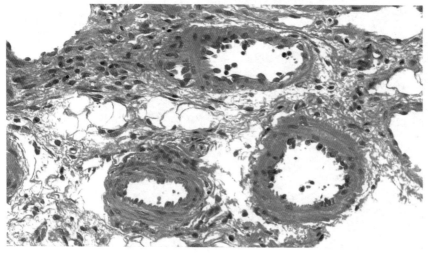

图 10-43　肠系膜淋巴结淋巴管(HE,100 倍)

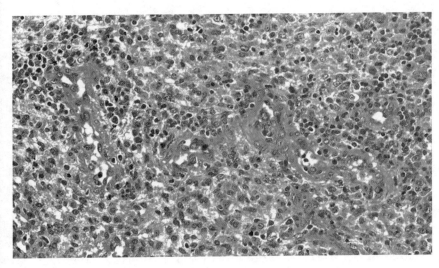

图 10-44 肠系膜淋巴结（HE，100 倍）

第十一章　神经系统

神经系统由神经组织构成,调节机体生理功能活动,包括中枢神经系统和周围神经系统。中枢神经系统包括脑(brain)和脊髓(spinal cord)。脑分为端脑(telencephalon)、间脑(diencephalon)、小脑(cerebellum)和脑干(brainstem)四部分,端脑包括大脑(cerebrum)和嗅球(olfactory bulb),脑干包括中脑、脑桥和延髓。周围神经系统包括脑神经(cranial nerve)、脊神经(spinal nerve)和自主神经(autonomic nerve)。

神经组织(nervous tissue)由神经细胞、神经胶质细胞和间质组成,是神经系统的主要组成成分。

神经细胞(nerve cell)也称神经元(neuron),约有 10^{12} 个,接受刺激、整合信息和传导冲动。

神经胶质细胞(neuroglial cell)的数量为神经元数量的 10~50 倍,对神经元起支持、保护、营养和绝缘等作用。

第一节　中枢神经

一、脑

脑(brain)是中枢神经系统的主体,位于颅腔内,脑内的腔隙(侧脑室、第三脑室、中脑导水管)充满脑脊液。脑内形态和功能相似的神经元胞体及其树突聚集在一起形成的灰质团块状的神经核。大量上、下行的神经纤维束通过,连接大脑、小脑和脊髓。

二、血-脑屏障

血-脑屏障(blood-brain barrier)包括由脑毛细血管壁、基膜、神经胶质细胞和结缔组织形成的血液与脑细胞之间的屏障和由脉络丛形成的血液与脑脊液之间的屏障。血-脑屏障阻止某些有害物质由血液进入脑组织,维持脑组织内环境的稳定。

1. 构成

(1)靠近血液的、以紧密连接封闭的连续性的毛细血管内皮细胞。

(2)内皮细胞外有完整的基膜和周细胞覆盖。

(3)基膜和周细胞以外,星形神经胶质细胞突起末端膨大形成扁平状结构包裹血管。

2. 功能

血-脑屏障选择性允许营养和代谢产物通过,阻止血液中某些物质进入脑组织,从而发挥维持脑内环境稳定的功能。

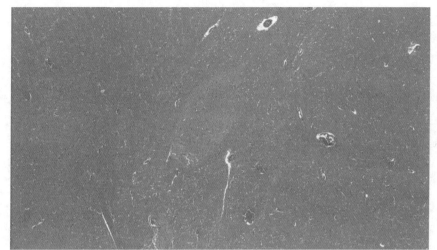

图 11-1 大脑额叶
（HE 染色，50 倍）

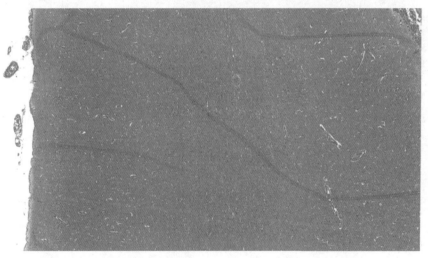

图 11-2 大脑额叶
（HE 染色，50 倍）

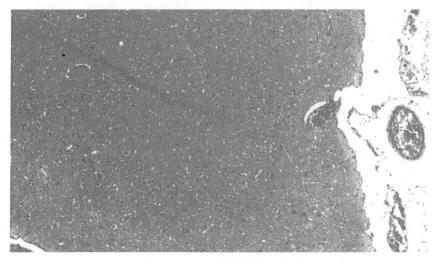

图 11-3 大脑额叶
（HE 染色，100 倍）

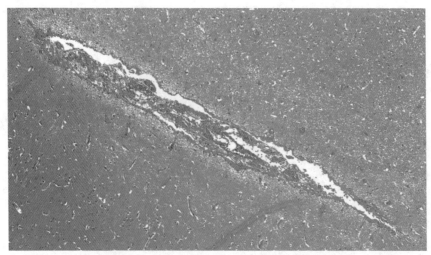

图 11-4 大脑额叶
（HE 染色，100 倍）

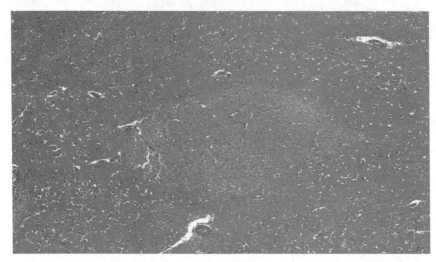

图 11-5 大脑额叶
（HE 染色，100 倍）

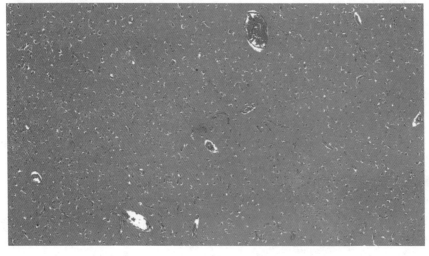

图 11-6 大脑额叶
（HE 染色，100 倍）

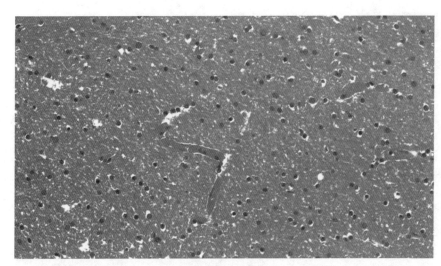

图 11-7　大脑额叶
（HE 染色,400 倍）

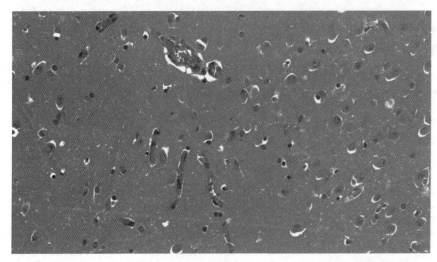

图 11-8　大脑额叶
（HE 染色,400 倍）

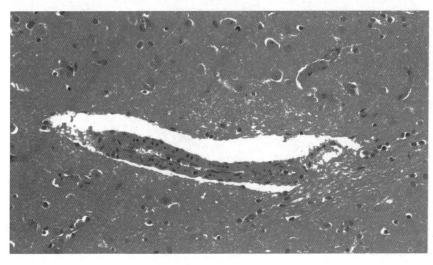

图 11-9　大脑额叶
（HE 染色,400 倍）

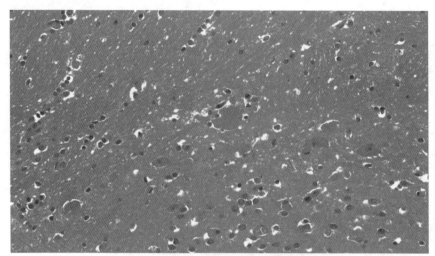

图 11-10　大脑额叶
（HE 染色，400 倍）

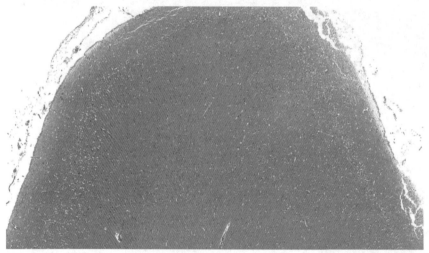

图 11-11　大脑颞叶
（HE 染色，50 倍）

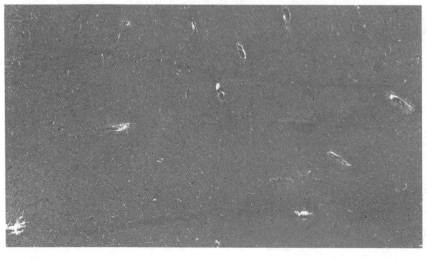

图 11-12　大脑颞叶
（HE 染色，50 倍）

图 11-13　大脑颞叶
（HE 染色,50 倍）

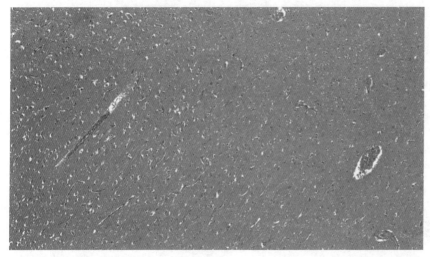

图 11-14　大脑颞叶
（HE 染色,100 倍）

图 11-15　大脑颞叶
（HE 染色,100 倍）

图 11-16　大脑颞叶
（HE 染色,100 倍）

图 11-17　大脑颞叶
（HE 染色,100 倍）

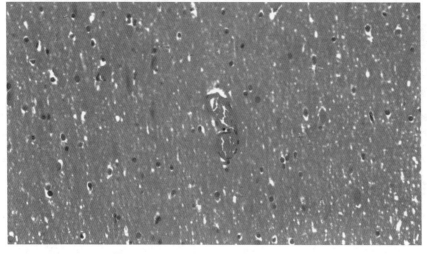

图 11-18　大脑颞叶
（HE 染色,400 倍）

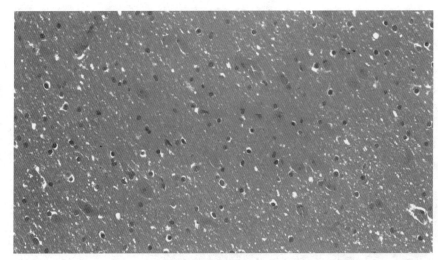

图 11-19　大脑颞叶
（HE 染色，400 倍）

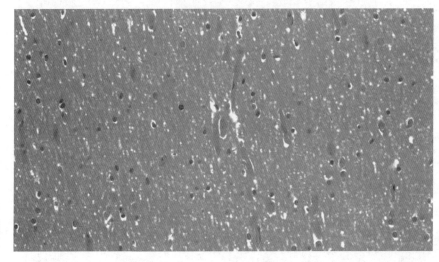

图 11-20　大脑颞叶
（HE 染色，400 倍）

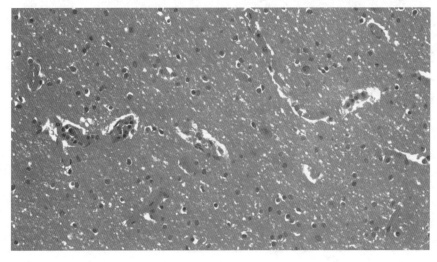

图 11-21　大脑颞叶
（HE 染色，400 倍）

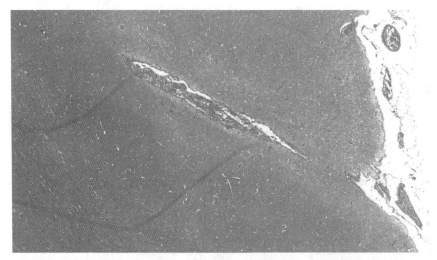

图 11-22　大脑枕叶
（HE 染色,50 倍）

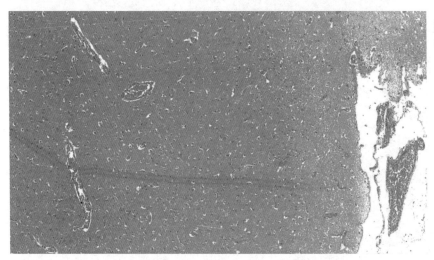

图 11-23　大脑枕叶
（HE 染色,100 倍）

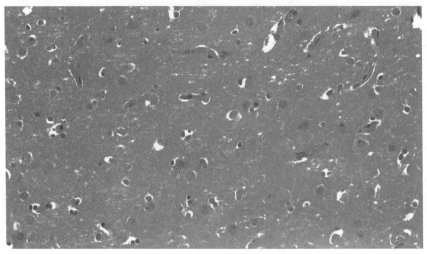

图 11-24　大脑枕叶
（HE 染色,400 倍）

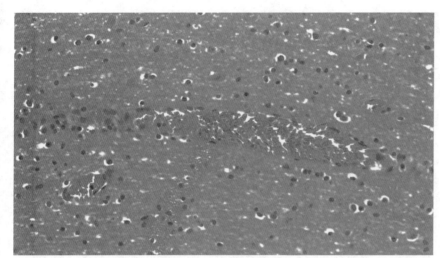

图 11-25 大脑枕叶
（HE 染色,400 倍）

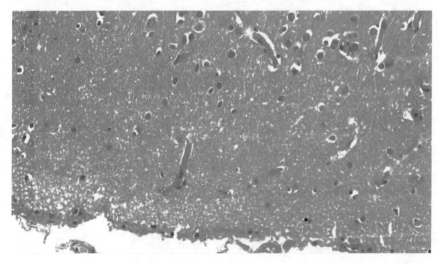

图 11-26 大脑枕叶
（HE 染色,400 倍）

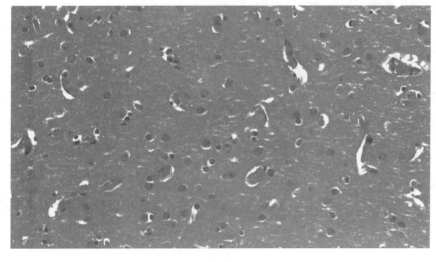

图 11-27 大脑枕叶
（HE 染色,400 倍）

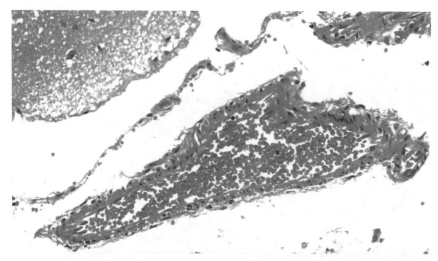

图 11-28　大脑枕叶
（HE 染色，400 倍）

图 11-29　大脑脚
（HE 染色，50 倍）

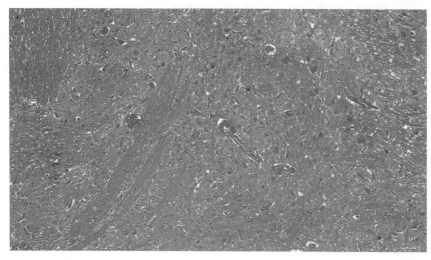

图 11-30　大脑脚
（HE 染色，50 倍）

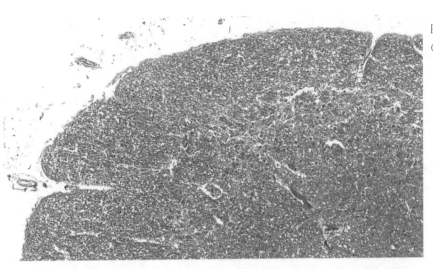

图 11-31　大脑脚
（HE 染色，100 倍）

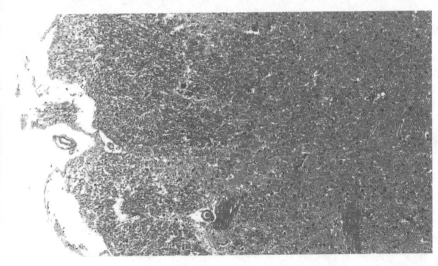

图 11-32　大脑脚
（HE 染色，100 倍）

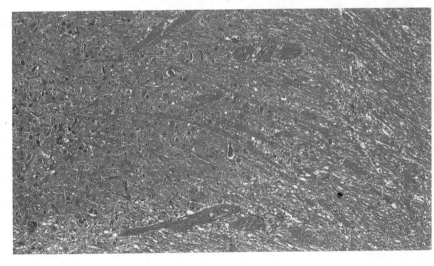

图 11-33　大脑脚
（HE 染色，100 倍）

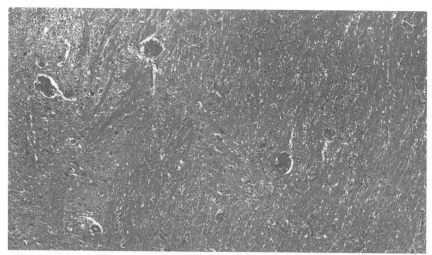

图 11-34　大脑脚
（HE 染色,100 倍）

图 11-35　大脑脚
（HE 染色,100 倍）

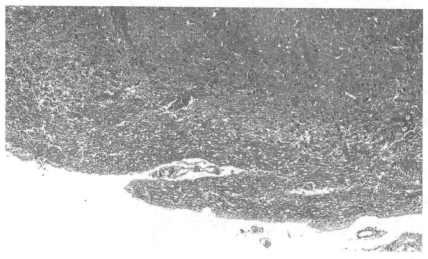

图 11-36　大脑脚
（HE 染色,100 倍）

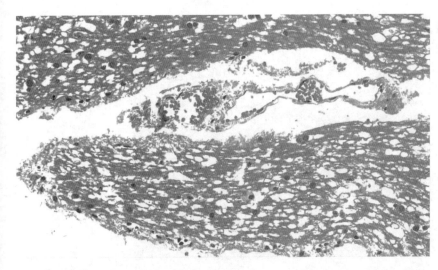

图 11-37 大脑脚
（HE 染色，400 倍）

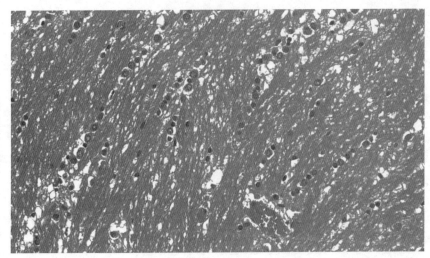

图 11-38 大脑脚
（HE 染色，400 倍）

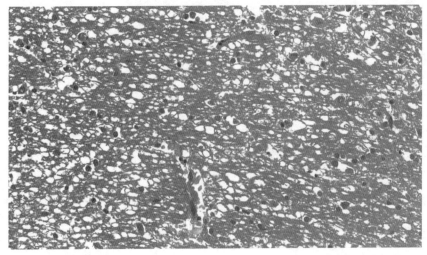

图 11-39 大脑脚
（HE 染色，400 倍）

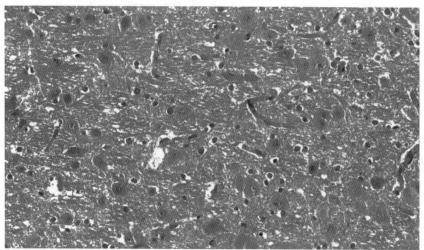

图 11-40　大脑脚
（HE 染色，400 倍）

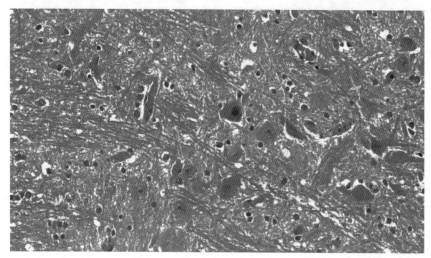

图 11-41　大脑脚
（HE 染色，400 倍）

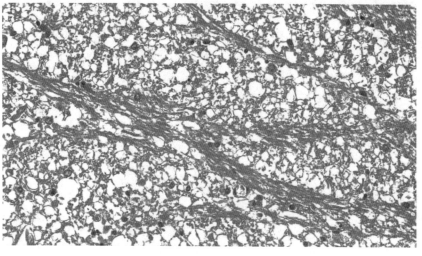

图 11-42　大脑脚
（HE 染色，400 倍）

图 11-43　嗅球
（HE 染色,50 倍）

图 11-44　嗅球
（HE 染色,50 倍）

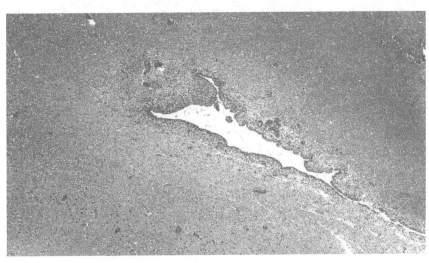

图 11-45　嗅球
（HE 染色,50 倍）

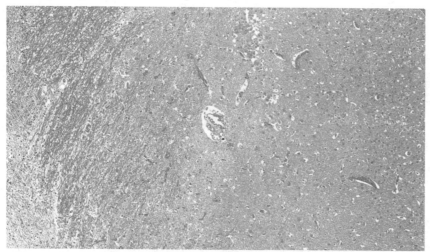

图 11-46　嗅球
（HE 染色，100 倍）

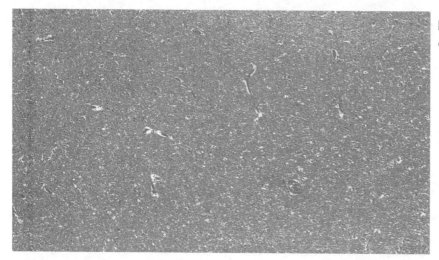

图 11-47　嗅球
（HE 染色，100 倍）

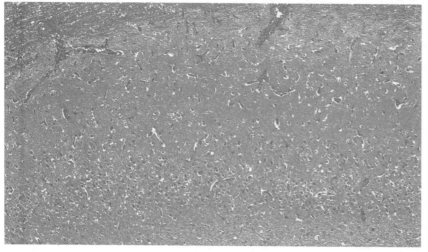

图 11-48　嗅球
（HE 染色，100 倍）

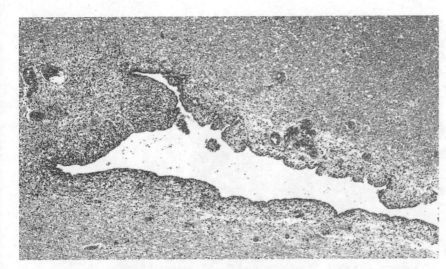

图 11-49　嗅球
（HE 染色，100 倍）

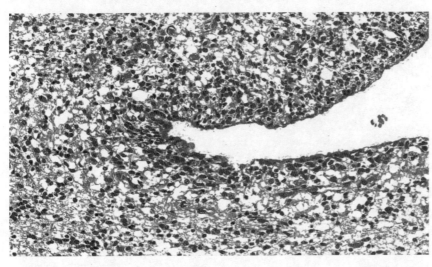

图 11-50　嗅球
（HE 染色，400 倍）

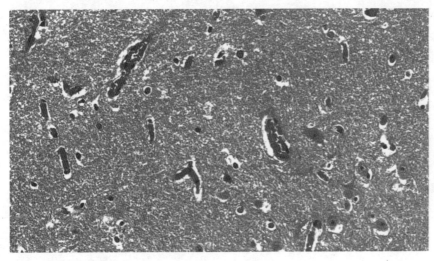

图 11-51　嗅球
（HE 染色，400 倍）

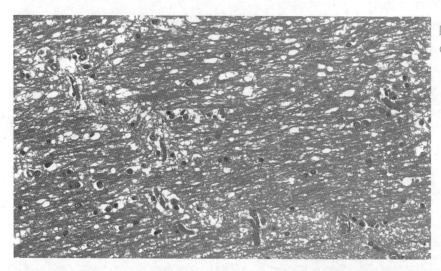

图 11-52 嗅球
（HE 染色,400 倍）

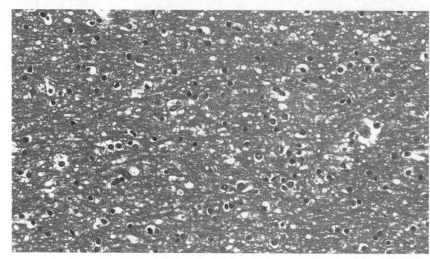

图 11-53 嗅球
（HE 染色,400 倍）

图 11-54 脑桥
（HE 染色,50 倍）

图 11-55　脑桥
（HE 染色，50 倍）

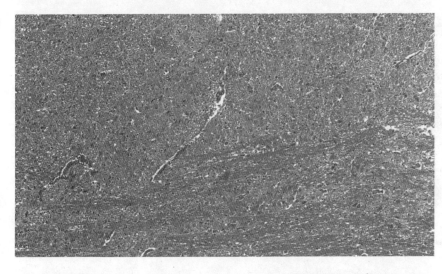

图 11-56　脑桥
（HE 染色，100 倍）

图 11-57　脑桥
（HE 染色，100 倍）

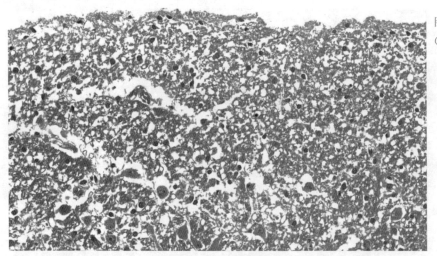

图 11-58　脑桥
（HE 染色,400 倍）

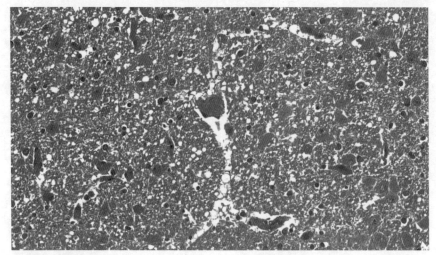

图 11-59　脑桥
（HE 染色,400 倍）

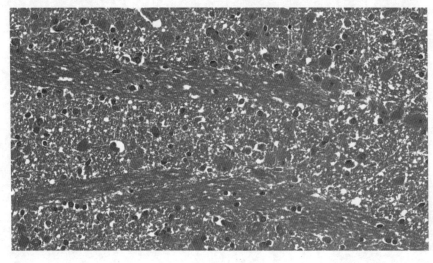

图 11-60　脑桥
（HE 染色,400 倍）

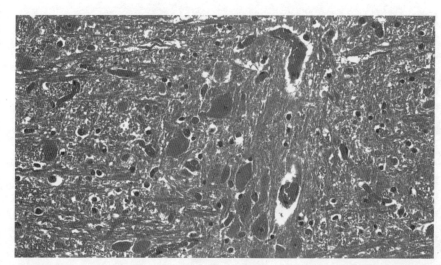

图 11-61 脑桥
（HE 染色，400 倍）

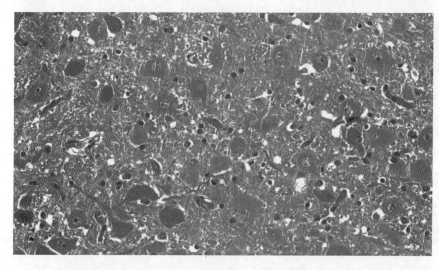

图 11-62 脑桥
（HE 染色，400 倍）

图 11-63 丘脑
（HE 染色，50 倍）

图 11-64　丘脑
（HE 染色，100 倍）

图 11-65　丘脑
（HE 染色，100 倍）

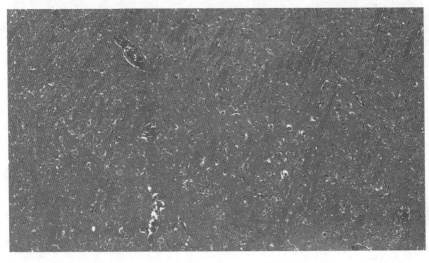

图 11-66　丘脑
（HE 染色，100 倍）

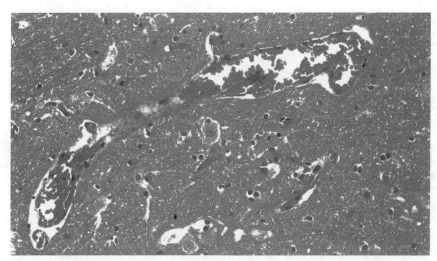

图 11-67　丘脑
（HE 染色，400 倍）

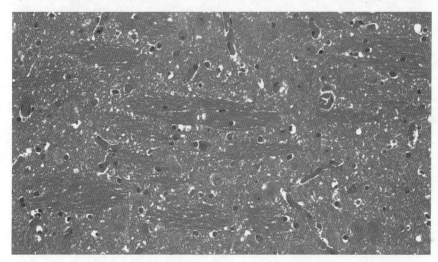

图 11-68　丘脑
（HE 染色，100 倍）

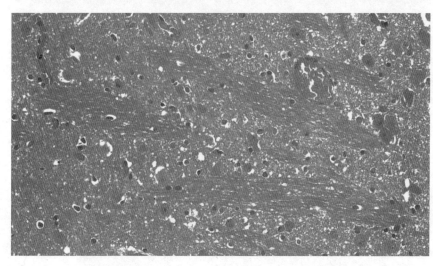

图 11-69　丘脑
（HE 染色，100 倍）

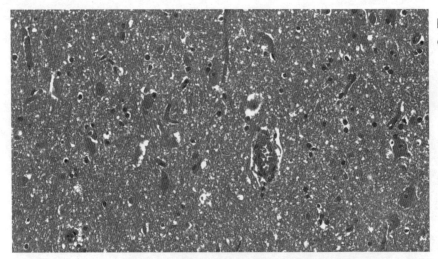

图 11-70　丘脑
（HE 染色,100 倍）

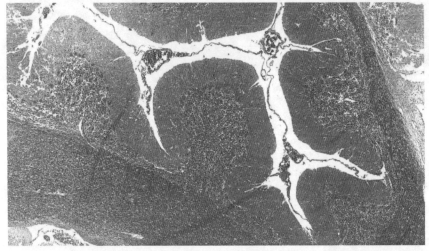

图 11-71　小脑
（HE 染色,100 倍）

图 11-72　小脑
（HE 染色,100 倍）

图 11-73 小脑
（HE 染色,100 倍）

图 11-74 小脑
（HE 染色,100 倍）

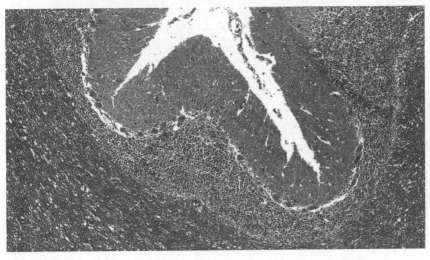

图 11-75 小脑
（HE 染色,100 倍）

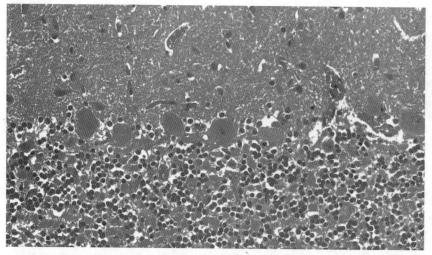

图 11-76　小脑
（HE 染色，100 倍）

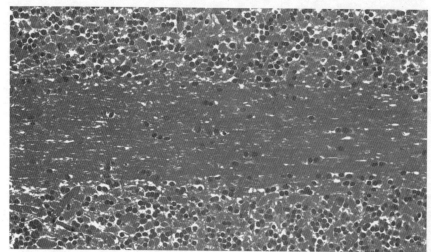

图 11-77　小脑
（HE 染色，100 倍）

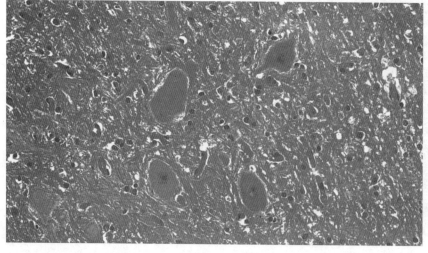

图 11-78　小脑
（HE 染色，100 倍）

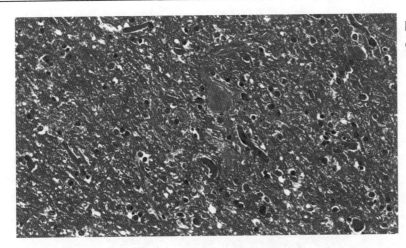

图 11-79　小脑
（HE 染色，100 倍）

三、脊髓

脊髓（spinal cord）为低级中枢神经系统，位于椎管内，在枕骨大孔与延髓连接，向脊柱两侧发出成对的神经，分布到前后肢、体壁和内脏。脊髓的灰质在内，白质在外；灰质呈 H 形（蝴蝶形），主要由神经细胞构成；白质由有髓神经纤维组成。

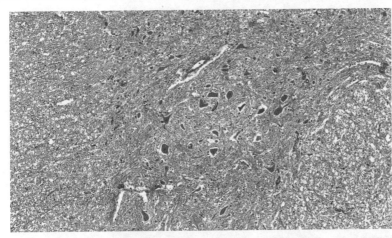

图 11-80　脊髓
（HE 染色，100 倍）

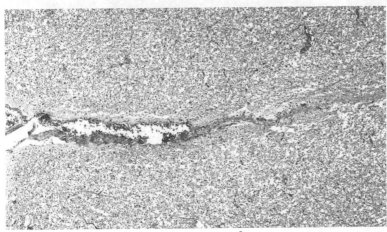

图 11-81　脊髓
（HE 染色，100 倍）

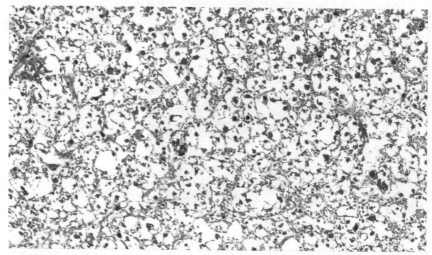

图 11-82　脊髓
（HE 染色,400 倍）

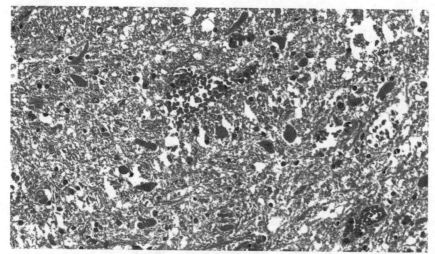

图 11-83　脊髓
（HE 染色,400 倍）

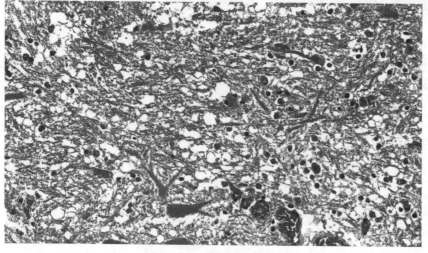

图 11-84　脊髓
（HE 染色,400 倍）

第二节 外周神经

一、神经元

神经元（neuron）有树突和轴突两种突起，形状不一，胞体大小约 5～100 微米。细胞膜含受体和离子通道，为可兴奋膜，接受刺激、处理信息、产生并传导神经冲动。细胞核大而圆，位于胞体中央，着色浅，核仁大。细胞质含有尼氏体、神经原纤维、高尔基体、线粒体及溶酶体等细胞器。

1. 胞体

含有细胞质、尼氏体、神经原纤维及水等。

（1）尼氏体（nissl body）。位于胞体和树突内的、染色呈强嗜碱性，斑块状或小颗粒状，富含粗面内质网和游离核糖体。

（2）神经原纤维（neurofibril）。镀银染色呈棕黑色，并向树突和轴突延伸达到突起末梢。由神经丝蛋白构成的极微细的中空的管状神经丝（neurofilament）和神经微管（neural microtubule）集束构成。

2. 突起

（1）树突（dendrite）。神经元有一个或多个树突，树突可发出许多短小分支突起，形成树突棘（dendritic spine），极大地增加神经元接受刺激的表面积。

（2）轴突（axon）。轴突由轴丘发出，仅有一条，轴突处无尼氏体，染色较浅。轴突粗细接近一致，有侧支垂直轴突分出。轴突末端较多的分支形成轴突终末。轴突处的胞膜称轴膜。轴突起始段轴膜较厚，产生沿轴膜向终末传递的神经冲动。

二、神经

神经（nerve）广泛分布在全身各处与内脏器官，由周围神经系统的神经纤维聚集成束构成。多数神经内含有感觉神经纤维、运动神经纤维和自主神经纤维。与肌组织相似，神经也有外膜-神经外膜、束膜-神经束膜、内膜-神经内膜。

1. 神经外膜（epineurium）

神经外膜为包裹在一条神经表面的结缔组织被膜。

2. 神经束膜（perineurium）

神经束膜为位于一束神经纤维表面、由几层扁平细胞和结缔组织围成的被膜。

3. 紧密连接（tight junction）

紧密连接为细胞之间的对进出神经纤维束的物质起屏障作用的连接结构。

4. 神经内膜(endoneurium)

神经内膜为神经内每条神经纤维表面的薄层结缔组织形成的被膜。

三、神经末梢

1. 概念

遍布全身局部组织与器官的周围神经纤维的终末分支。

2. 分类

神经末梢(nerve endings)包括感觉神经末梢和运动神经末梢。感觉神经末梢包括游离神经末梢、触觉小体、环层小体和肌梭。运动神经末梢包括躯体运动神经末梢(运动终板)和内脏运动神经末梢。

(1)感觉神经末梢。为感觉神经元的周围突末端结构,与效应器官形成感受器感受内、外环境刺激,并将刺激转化为神经冲动,传向中枢。

①游离神经末梢。为裸露的感觉神经纤维终末分支,分布于表皮、角膜和各种结缔组织,如骨膜、脑膜、肌腱、韧带等;对温度、应力和某些化学物质的刺激产生冷、热、轻触和痛觉的知觉。

②触觉小体(tactile corpuscle)。分布于皮肤真皮内(如掌与指头)外包结缔组织被囊的、长轴与皮肤表面垂直的卵圆形小体,内有许多平行排列的扁平细胞,其间有感觉神经纤维末梢盘绕。感受应力刺激,参与产生触觉。

③环层小体(lamella corpuscle)。又称潘申尼小体(Pacinian corpuscle),广泛分布于皮下组织、腹膜、肠系膜、韧带及关节囊等处,体积较大,球形或卵圆形,中央有一均质状圆柱体,内含无髓鞘的神经纤维末梢,周围多层扁平细胞呈同心圆排列,感受压觉和振动觉。

④肌梭(muscle spindle)。分布于骨骼肌内的感受舒缩状态变化或牵拉刺激的梭形感受结构。表面有结缔组织被囊;内含数条细的梭内肌纤维,核成串排列或集中在肌纤维中段;感觉神经末梢缠绕肌纤维中段,运动神经末梢分布在肌纤维两端。

(2)运动神经末梢。又称为效应器(effector),是中枢发出的运动神经纤维在肌组织和腺体的终末结构,支配肌纤维的收缩和腺体的分泌。

①躯体运动神经末梢。运动神经元轴突末端在骨骼肌内反复分支,每一分支呈葡萄状,分支末端与一条骨骼肌纤维形成运动终板(motor end plate),又称神经肌连接(neuromuscular connection)。一个运动神经元及其支配的全部骨骼肌纤维共同形成运动单位。

②内脏运动神经末梢。支配内脏运动的节后神经纤维分布于心肌、内脏、血管平滑肌和腺体等,末段呈串珠样膨体,贴附于细胞表面或穿行于细胞之间,形成内脏运动神经末梢,支配肌细胞收缩和腺体分泌。

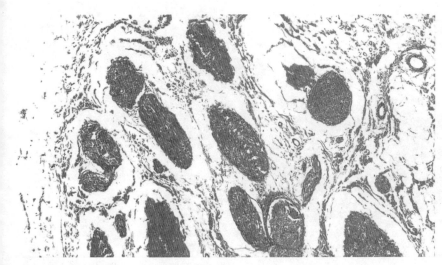

图 11-85 腓总神经
（HE 染色,100 倍）

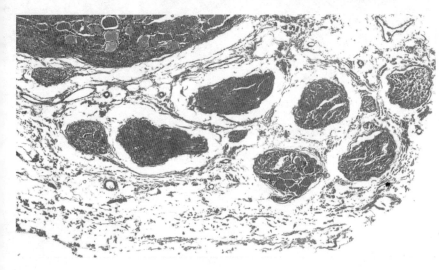

图 11-86 腓总神经
（HE 染色,100 倍）

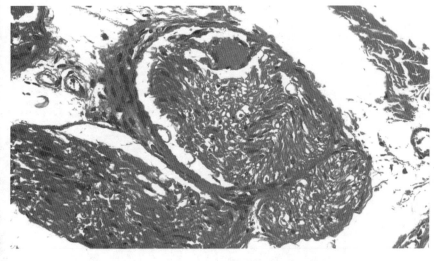

图 11-87 腓总神经
（HE 染色,400 倍）

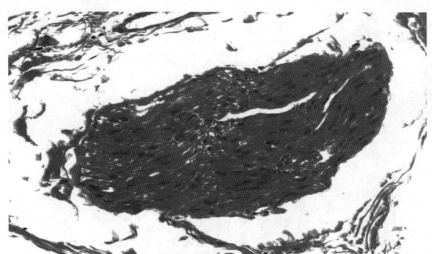

图 11-88　腓总神经
（HE 染色，400 倍）

第十二章　内分泌系统

内分泌系统(endocrine system)分泌激素,调控机体的生命活动。包括独立的内分泌腺、散在的内分泌细胞群和兼有内分泌功能的细胞。具有独立结构的内分泌腺包括脑垂体、松果体、甲状腺、甲状腺和肾上腺;散在的内分泌细胞群有胰岛、肾小球旁器、卵泡、黄体、胎盘、睾丸间质细胞、神经内分泌细胞及分布于消化管壁内的分泌细胞;兼有内分泌功能的细胞包括巨噬细胞和肥大细胞。

第一节　松果体

松果体(pineal body)为位于大脑横裂深处、四叠体前方、扁圆形腺体。由被膜、间质和实质构成。

一、组织结构

1. 被膜(capsule)

被膜含有纤维、毛细血管、结缔组织及神经等。血管和神经伴随结缔组织被膜进入腺体,形成间质。

2. 实质(parenchyma)

实质被结缔组织分为许多不规则的小叶,主要由松果体细胞和神经胶质细胞构成,其间分布有许多小血管。松果体细胞为规则上皮样细胞,染色较深,排列成团、索状,核大而圆,核仁明显,胞质内核糖体、线粒体和滑面内质网等,较发达,可分泌多种激素。神经胶质细胞发出长突起围绕血管周围及松果体细胞之间,细胞核呈椭圆形。松果体内常有形状不规则的由松果体细胞分泌的蛋白多糖和羟基磷灰石等钙化形成的颗粒状脑砂(acervulus cerebralis)。

二、功能

松果体能合成 5-羟色胺、褪黑激素、8-精催产素、5-甲氧色醇及促黄体素等肽类激素;调节神经的分泌、生殖系统的功能和昼夜节律。

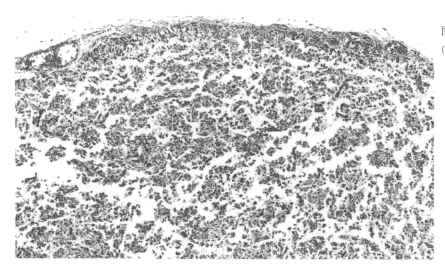

图 12-1　松果体
（HE 染色,100 倍）

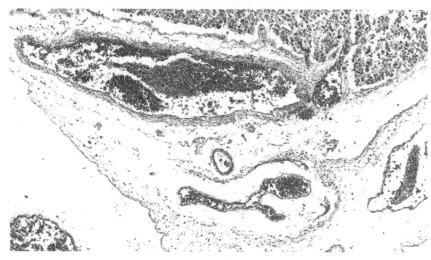

图 12-2　松果体血管
（HE 染色,100 倍）

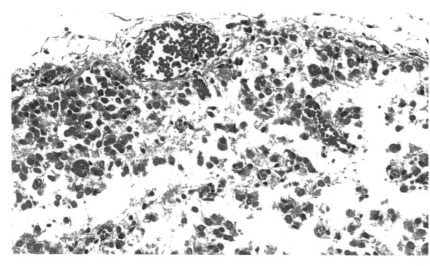

图 12-3　松果体血管
（HE 染色,400 倍）

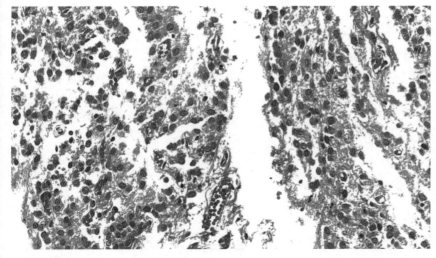

图 12-4 松果体
（HE 染色，400 倍）

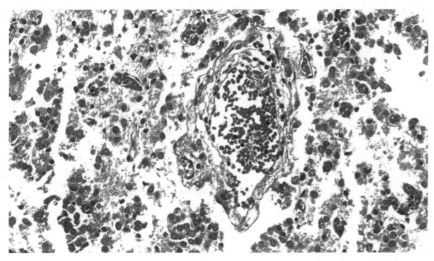

图 12-5 松果体血管
（HE 染色，400 倍）

第二节 垂体

　　垂体（pituitary gland）位于视交叉后方、间脑的底部蝶骨的垂体窝内，呈扁平卵圆形，包括腺垂体和神经垂体两部分。腺垂体的体积较大，由远侧部（前叶）和结节部构成，具有分泌功能。神经垂体较小，由漏斗柄、正中隆起和神经叶构成，无分泌功能。结节部与漏斗柄共同形成垂体柄，与间脑相连。腺垂体的前叶形成远侧部，垂体后叶由中间部和神经部形成。垂体表面被覆结缔组织被膜，随血管伸入到垂体各部形成结缔组织间隔。

一、组织结构

1. 远侧部（pars distalis）

细胞排列成滤泡状，胶状分泌物充满滤泡腔，远侧部的细胞主要为嫌色细胞（chromophobe cell)和嗜色细胞(chromophilic cell)。嫌色细胞染色较淡,细胞体积小,成群分布。嗜色细胞分为嗜碱性细胞(basophilic cell)和嗜酸性细胞(oxyphil cell)。嗜碱性细胞包括促卵泡素细胞、促甲状腺素细胞和促黄体素细胞。促卵泡素细胞的颗粒呈强 PAS 阳性反应。促甲状腺素细胞体积最大,呈甲醛复红和阿尔森蓝染色阳性反应。促黄体素细胞的体积小,核大,胞质少,仅分布于头区。嗜酸性细胞分为生长激素细胞和催乳素细胞。生长激素细胞数量多,体积大,胞质内颗粒中等大小,形成尾区的滤泡。催乳素细胞数量少,体积中等大小,胞质内颗粒大,呈亮黄色,形成滤泡,分布于整个远侧部。

2. 结节部(pars tuberalis)

结节部由嫌色细胞、血管和神经构成,分布于漏斗部周边和间脑底壁。

3. 正中隆起(median eminence)

位于视交叉到漏斗柄之间的间脑前底壁,由室管膜层、神经纤维层和腺体层构成。

4. 漏斗柄(infundibular stalk)

为间脑底壁的管状突起,向前连于神经垂体。

5. 神经部(lobus nervosus)

神经部含有神经胶质细胞和神经纤维。神经纤维主要来自视上垂体束,被神经胶质细胞的突起覆盖。神经部的功能为贮存由视上核(supraoptic nucleus)和室旁核(nuclei paraventricularis)分泌的催产素(oxytocin)和加压素(pitressin)。

二、功能

垂体分泌多种激素,对生长、发育、生殖、代谢等活动具有重要的调节作用,肾上腺、甲状腺、睾丸和卵巢等器官的发育和功能均受垂体分泌的激素调控。

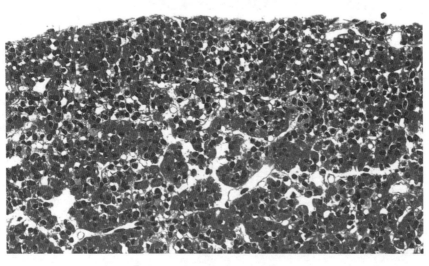

图 12-6　垂体
(HE 染色,400 倍)

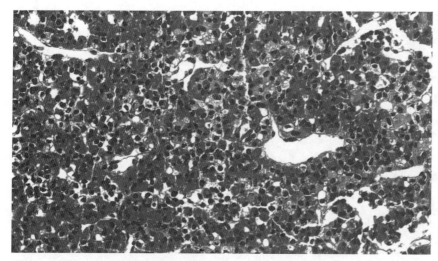

图 12-7　垂体
（HE 染色，400 倍）

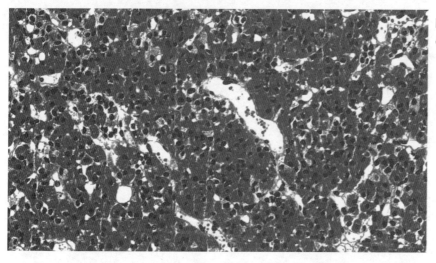

图 12-8　垂体
（HE 染色，400 倍）

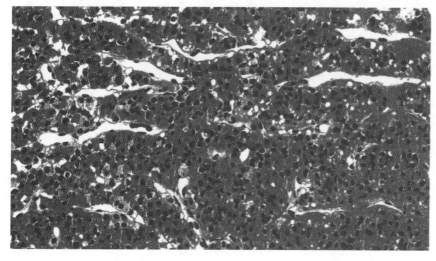

图 12-9　垂体
（HE 染色，400 倍）

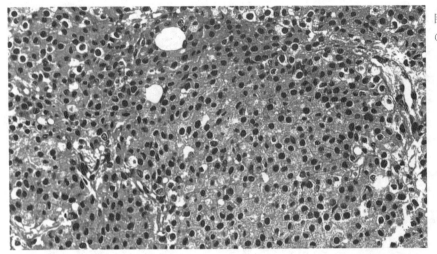

图 12-10　垂体
（HE 染色,400 倍）

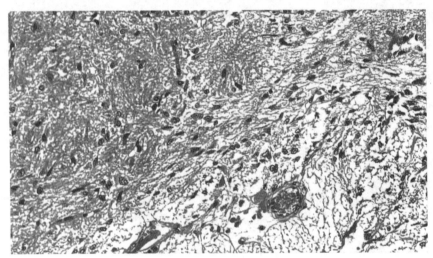

图 12-11　垂体
（HE 染色,400 倍）

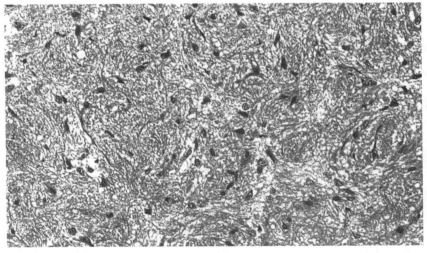

图 12-12　垂体
（HE 染色,400 倍）

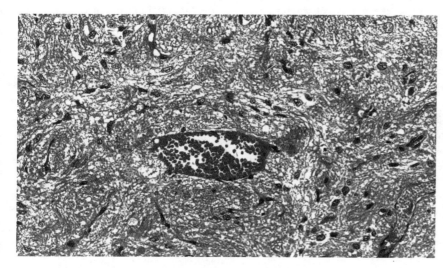

图 12-13　垂体
（HE 染色,400 倍）

第三节　甲状腺

甲状腺(thyroid)有一对,中间通过峡部相连,位于喉的后方、紧贴于气管腹侧。甲状腺通常呈圆形或椭圆形,暗红色而有光泽。

一、组织结构

甲状腺的组织结构包括被膜、间质和甲状腺滤泡。

1.被膜

甲状腺表面的被膜为致密结缔组织被膜,被膜进入腺体内部,在滤泡间形成结缔组织间隔。

2.实质

实质主要由大小不等、呈球形、椭圆形或不规则形的球形滤泡构成。滤泡周围分布有基膜和少量的结缔组织,分布有丰富的毛细血管和淋巴管。滤泡上皮细胞的核呈圆形,位于细胞的中央,胞质呈嗜酸性。细胞游离缘分布有少量微绒毛,基底面的基膜很薄。滤泡上皮细胞排列成单层,细胞形态(扁平、立方、柱状)随甲状腺功能状态的不同而异;细胞核的形态和位置也相应地发生改变;滤泡上皮细胞游离端分布有微绒毛。静息状态的甲状腺滤泡腔内充满均质的嗜酸性胶状分泌物,滤泡细胞呈扁平形。当甲状腺功能活动旺盛时,其微绒毛发达,滤泡腔内分泌物减少,滤泡上皮细胞呈立方形或柱状。

二、功能

甲状腺参与调节机体的代谢、生长、神经系统发育及生殖等生命活动。甲状腺功能异常可导致仔猪生长缓慢,引起呆小症。

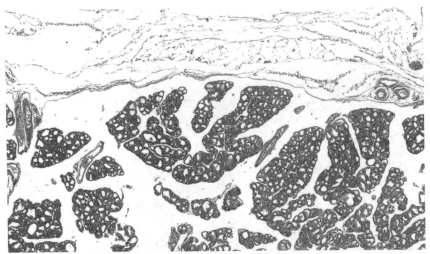

图 12-14　甲状腺
（HE 染色,50 倍）

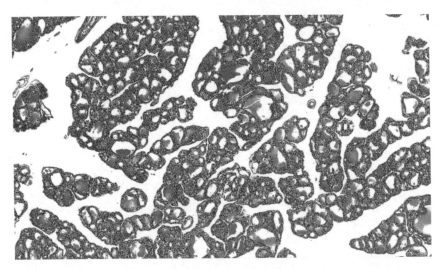

图 12-15　甲状腺
（HE 染色,100 倍）

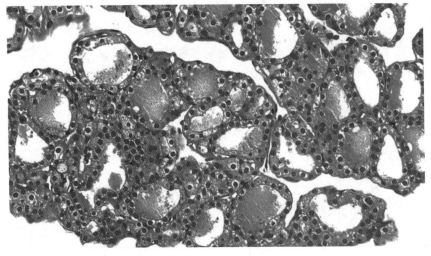

图 12-16　甲状腺
（HE 染色,400 倍）

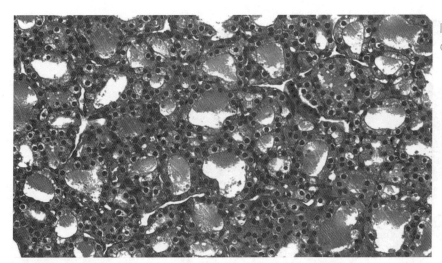

图 12-17 甲状腺
（HE 染色,400 倍）

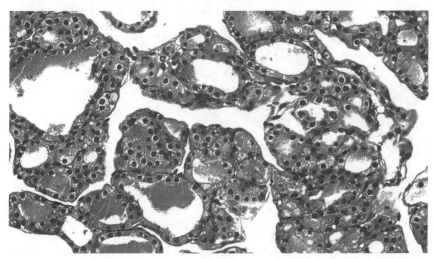

图 12-18 甲状腺
（HE 染色,400 倍）

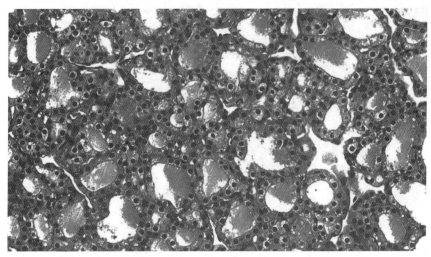

图 12-19 甲状腺
（HE 染色,400 倍）

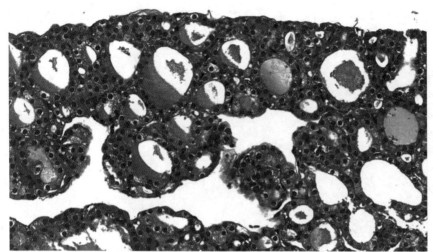

图 12-20 甲状腺
（HE 染色,400 倍）

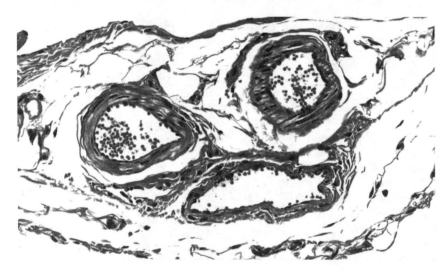

图 12-21 甲状腺血
管（HE 染色,400 倍）

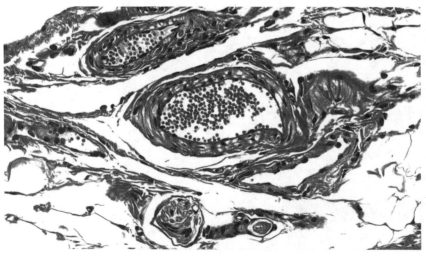

图 12-22 甲状腺血
管（HE 染色,400 倍）

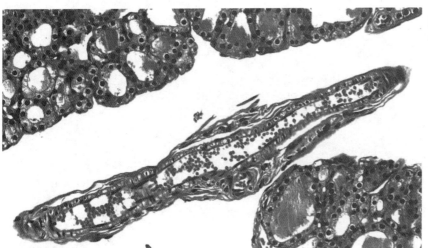

图 12-23 甲状腺血管（HE 染色,400 倍）

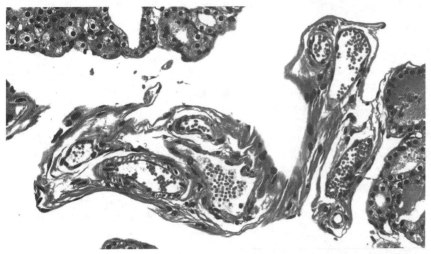

图 12-24 甲状腺血管（HE 染色,400 倍）

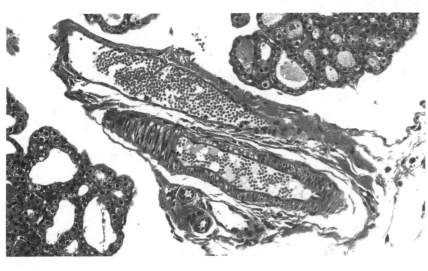

图 12-25 甲状腺血管（HE 染色,400 倍）

第四节　肾上腺

肾上腺(adrenal gland)位于脊柱两旁、肾前方、肝后方的腺体,呈卵圆形、锥体形或不规则形、浅黄色,左右各一。

一、组织结构

肾上腺外面覆盖致密结缔组织被膜,实质由皮质和髓质构成。皮质和髓质主要由腺细胞构成。皮质位于外周,来源于中胚层,体积较大,分泌类固醇激素;髓质位于中央,来自外胚层,体积较小,分泌含氮激素。

1. 被膜(capsule)

被膜含有胶原纤维、网状纤维、大量毛细血管、散在的平滑肌、未分化的皮质细胞、血管、神经及交感神经丛等。血管和神经伴随结缔组织被膜进入腺体内部形成支架。

2. 实质(parenchyma)

实质由皮质和髓质构成。

(1)皮质。皮质约占肾上腺的80%,皮质由外向内分为多形带(球形带)、束状带和网状带。细胞质中富含滑面内质网、高尔基复合体、线粒体等细胞器。皮质部细胞分泌多种类固醇激素,维持体内物质代谢和细胞内外离子的平衡。

①多形带。又称球状带,位于被膜下,较薄。此带的细胞胞核小、染色深,胞质少,弱嗜碱性,含少量脂滴。细胞排列成球形、团块或索状,少量结缔组织和丰富的毛细血管分布于间质。分泌盐皮质激素,保 Na^+ 排 K^+ ,参与调节水盐代谢。

②束状带。束状带最厚,由较大的多边形细胞呈束状排列,细胞呈圆形,核较大,束状带细胞分泌糖皮质激素,如氢化可的松、可的松等,调节糖、蛋白质和脂肪代谢,抗炎症,降低免疫应答。

③网状带。网状带最薄,细胞相互吻合形成网状,与束状带分界不明显。细胞呈多边形,较小,脂滴较少,脂褐素较多,深染。细胞分泌少量雄激素和雌激素。

(2)髓质。髓质位于肾上腺的中央部,周围有皮质包绕,主要由呈多角形或卵圆形的嗜铬髓质细胞排列成团索状构成。髓质细胞分为肾上腺素细胞和去甲肾上腺素细胞。前者细胞体积大,分泌肾上腺素,增加心率和血液的输入量,使机体处于应激状态。后者数量少,细胞体积小,分泌去甲肾上腺素,收缩外周小血管,升高血压。

二、功能

肾上腺皮质和髓质的细胞分泌多种激素,参与调节电解质的平衡、糖类和蛋白质的代谢、血压变化、生殖腺发育、免疫器官活动等。

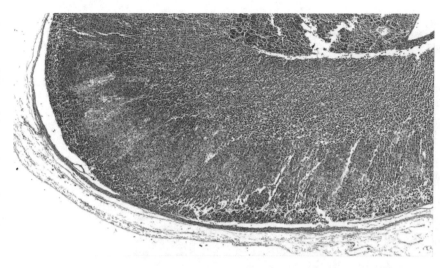

图 12-26　肾上腺
（HE 染色,50 倍）

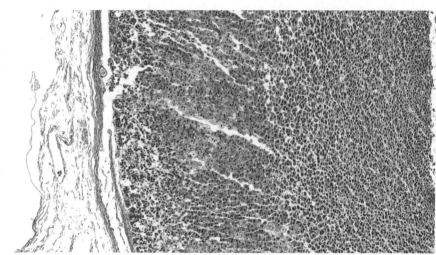

图 12-27　肾上腺
（HE 染色,100 倍）

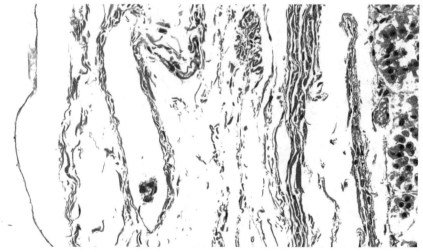

图 12-28　肾上腺
（HE 染色,400 倍）

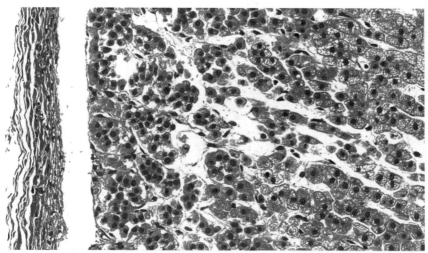

图 12-29 肾上腺皮质球状带（HE 染色，400 倍）

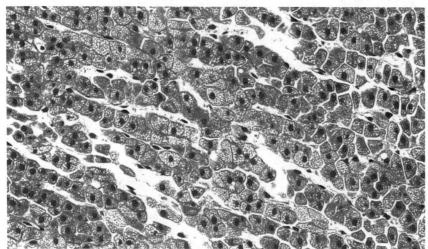

图 12-30 肾上腺皮质束状带（HE 染色，400 倍）

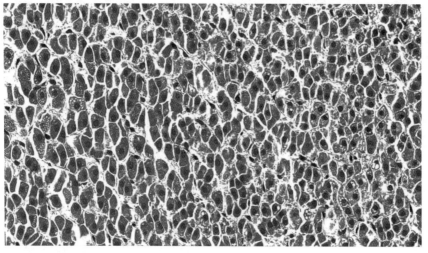

图 12-31 肾上腺皮质网状带（HE 染色，400 倍）

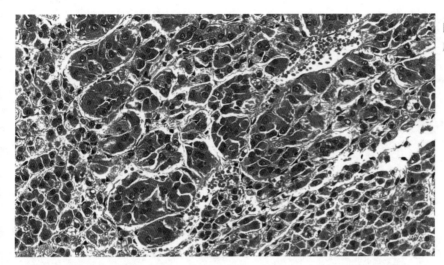

图 12-32 肾上腺髓质(HE 染色,400 倍)

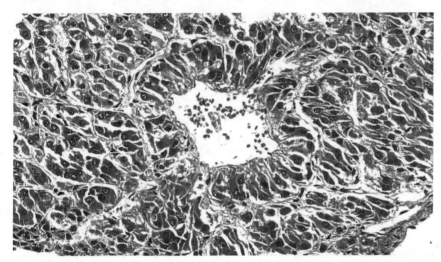

图 12-33 肾上腺髓质(HE 染色,400 倍)

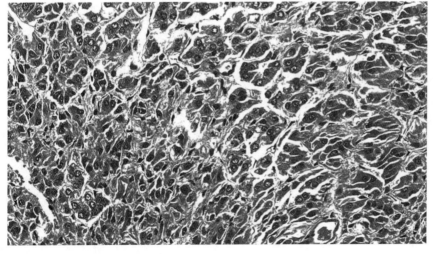

图 12-34 肾上腺髓质(HE 染色,400 倍)

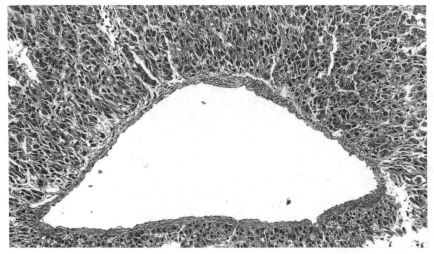

图 12-35　肾上腺髓质中央静脉（HE 染色，400 倍）

图 12-36　肾上腺髓质中央静脉（HE 染色，400 倍）

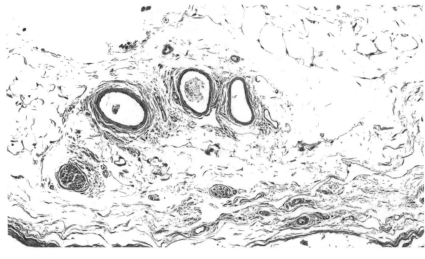

图 12-37　肾上腺被膜结缔组织血管与神经（HE 染色，400 倍）

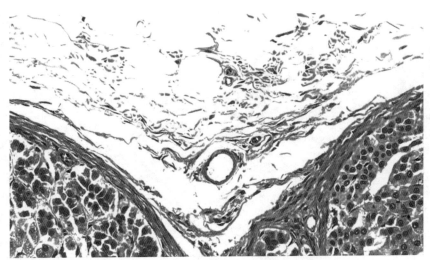

图 12-38 肾上腺被膜结缔组织血管（HE染色，400倍）

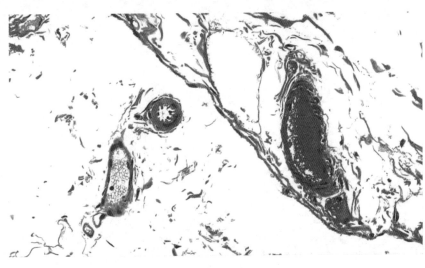

图 12-39 肾上腺被膜结缔组织血管（HE染色，400倍）

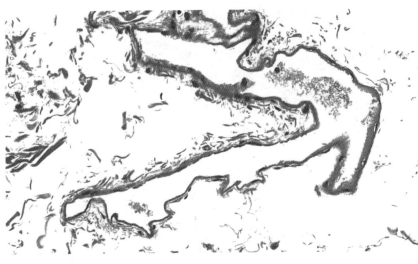

图 12-40 肾上腺被膜结缔组织血管（HE染色，400倍）

图 12-41　肾上腺被膜结缔组织血管（HE染色,400 倍）

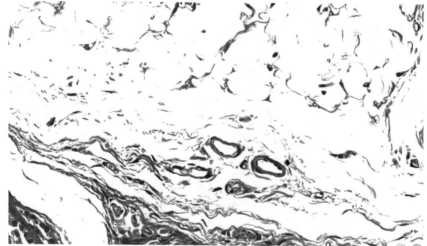

图 12-42　肾上腺被膜结缔组织血管（HE染色,400 倍）

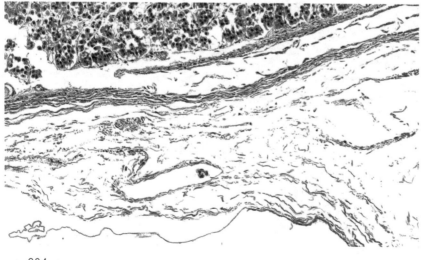

图 12-43　肾上腺（HE 染色,400 倍）

参 考 文 献

[1]陈耀星.《动物解剖学彩色图谱》[M].中国农业出版社,2013年.

[2]陈耀星.《畜禽解剖学》[M].3版.中国农业大学出版社,2010年.

[3]陈耀星译.《家畜兽医解剖学教程与彩色图谱》[M].3版.中国农业大学出版社,2009年.

[4]陈耀星译.《兽医组织学彩色图谱》[M].2版.中国农业大学出版社,2007年.

[5]林大诚.《北京鸭解剖》[M].北京:中国农业大学出版社,1994年.

[6]马仲华.《家畜解剖学及组织胚胎学》[M].3版.中国农业出版社,2010年.

[7]成令忠,冯京生,冯子强,等.《组织学彩色图鉴》[M].北京:人民卫生出版社,2000年.

[8]高英茂.《组织学与胚胎学》[M].4版.北京:科学出版社,2005年.

[9]成令忠.《组织学与胚胎学》[M].4版.北京:人民卫生出版社,2000年.

[10]杨倩.《动物组织学与胚胎学》[M].北京:中国农业大学出版社,2008年.

[11]西北农学院,甘肃农业大学,山西农学院.《家畜解剖学图谱》[M].西安:陕西人民出版社,1978年.